© 2015 Gerald Busch Alle Rechte vorbehalten.
ISBN 978-1-326-21765-5

Inhaltsverzeichnis

Einleitung und Erläuterungen 9

Einführung in die Pflege 13

    Gesundheit und Krankheit 13

    Grundpflege und Behandlungspflege 15

    Psychosoziale Aspekte in der Pflege 18

        Der Mensch als ganzheitliches Wesen 18

        Das Altern 21

        Grundbedürfnisse des Patienten 25

        Kommunikation 30

    Struktur einer Pflegeeinrichtung 35

    Gestaltung der Bewohnerzimmer 40

        Einrichtung und persönliche Gegenstände .. 40

        Schutz des Patienten 42

    Pflegeplanung und Pflegedokumentation 45

        Pflegeprozess, Pflegeregelkreis und Pflegeplanung 45

        ABEDL´s nach Monika Krohwinkel 51

        Inhalte der Dokumentation 53

        Pflichten und Regelungen der Dokumentation 60

Anatomie, Physiologie und Pathologie 63

    Begriffserklärung 63

    Von der Zelle zum Organismus 63

Aufbau & Funktion der Zellen 68

Herz- Kreislaufsystem 72

   Das Herz 72

   Der Kreislauf - Arterien und Venen 76

   Das Blut 82

   Bestimmung und Auswertung von Puls und Blutdruck 85

   Erkrankungen des Herz- Kreislaufsystems 91

   Arteriosklerose 92

   Thrombose & Embolie 93

   Herzrhythmusstörungen 96

   Angina Pektoris / Herzinfarkt 101

   Herzinsuffizienz 103

   Schlaganfall 105

Das Atmungssystem 115

   Nase, Mund und Rachen 116

   Luftröhre und Aufbau der Lunge 116

   Erkrankungen des Atmungssystems 121

   Bronchitis 121

   Asthma Bronchiale 123

   Pneumonie 124

Verdauungssystem & Ausscheidungssystem 127

   Mund 129

   Speiseröhre 129

Magen 129
Dünndarm 130
Bauchspeicheldrüse 133
Leber 134
Nieren 135
Blase 136
Haut 137
Subkutane Injektion 139
Das Skelett 142
Rechtskunde 144
   Straftat- Freiheitsberaubung 144
   Sozialgesetzbücher 148
Tod und Sterben 153
Arzneimittelkunde 159
   5-R-Regel / 6-R-Regel 164
Infektionskrankheiten 166
   Viren 166
   Bakterien 167
   Pilzinfektionen 168
   Protozoen 169
   Würmer 169
Ernährung 171
   Nährstoffe und ihre Aufgaben 171
   Energiebedarf 172

BMI 173
Demenz 175
   Primäre Demenz 175
   Sekundäre Demenzen 175
   Alzheimer Demenz 176
   Creutzfeld-Jakob-Krankheit 177
   Vaskuläre Demenz 178
   Lewy-Körperchen-Demenz 178
   Frontotemporale Demenz (FTD) 179
   Korsakow-Syndrom 180
   Umgang mit Demenzkranken 180
Anhang 185
   Leistungen der Behandlungspflege 185
   Leistungen der Grundpflege 186
      1. Körperpflege 186
      2. Ernährung 186
      3. Mobilität 186
      4. Prophylaxen 186
      5. Förderung 187
   Stichwortverzeichnis 188

Einleitung und Erläuterungen

„Dann wollen wir mal duschen gehen!" – ein Satz, den unzählige Pflegekräfte in Ihrem Berufsleben häufig verwendet haben. Die meisten hören jedoch spätestens dann damit auf, wenn der Patient ihnen antwortet: „Gerne, dann ziehen sie sich schon mal aus, ich warte solange!"

In meinem Buch zum Basiswissen für die Pflege möchte ich Ihnen das Grundwissen für eine gute Pflege an die Hand geben. Angefangen bei Kommunikation über anatomische Grundlagen, Krankheiten und natürlich auch der Körperpflege. Gerne mache ich dies, wie auch in den Kursen die ich in diesem Bereich leite, mit einem Augenzwinkern und der ein oder anderen Anekdote aus diesem Bereich.

Bevor Sie sich mit dem eigentlichen Thema dieses Buches beschäftigen, möchte ich ihnen gerne hierzu einige Hinweise geben, die ihnen manche Sachen vielleicht einfacher machen oder erklären.

Innerhalb der Pflege gibt es für die Person, welche gepflegt wird immer wieder unterschiedliche Bezeichnungen. Während in einem Wohnheim diese Person Bewohner/Bewohnerin genannt wird, ist es in der ambulanten Pflege vielleicht der Klient/Klientin oder Kunde/Kundin. Zum Teil, z.B. in einem Krankenhaus, wird er oder sie aber auch als Patient/Patientin bezeichnet. Hier werde ich in der Regel das Wort Pflegebedürftiger/Pflegebedürftige. Sie merken schon, wie kompliziert es alleine ist die Richtige Bezeichnung zu finden, dann auch noch in der Form, dass sowohl weibliche als auch männliche Personen angesprochen sind. Daher werde ich an den Stellen wo es möglich ist geschlechtsneutral für die Bezeichnung „die pflegebedürftige Person" nutzen. Als Abkürzung hierfür verwende ich das übliche „PB" für Pflegebedürftige.

Die pflegenden Personen werde ich hierbei als Pflegekraft (PK) bezeichnen solange es alle an der Pflege beteiligten Personen betrifft. Ansonsten werde ich entsprechend angeben ob die examinierte Pflegekraft oder eine Hilfskraft gemeint ist.

Für die Inhalte des Buches und die dort beschriebenen Maßnahmen kann natürlich keine Gewähr übernommen werden. Alle Maßnahmen die die Pflegkraft durchführt müssen von ihr auch in praktischen Übungen (Praktika, Tätigkeit unter Anleitung etc.) erlernt werden. Ein Buch zu lesen ersetzt in keinem Fall die praktische Ausbildung. Da sich im Bereich der Medizin dauerhaft und permanent neue Forschungen ergeben und somit auch neue Behandlungen, kann natürlich nicht garantiert werden, dass alle Maßnahmen dem aktuellen Stand der Medizin dauerhaft entsprechen. Zwar werde ich versuchen durch Aktualisierungen diese Änderungen stets mit einzuarbeiten, aber auch hier obliegt es natürlich der Sorgfaltspflicht der Pflegekraft sich dauerhaft und stetig fortzubilden und zu informieren.

Für eigene Notizen habe ich im Buch jeweils am Außenrand Platz gelassen

Es sei mir auch der Hinweis noch erlaubt, dass dieses Buch sicherlich Schwerpunktmäßig in den Bereichen der Altenpflege genutzt wird, jedoch können zum Beispiel die Helfer(in) in der Pflege, vormals Schwesternhelferin oder Pflegehelfer, auch in Krankenhäusern oder anderen Einrichtungen eingesetzt werde. Daher ist natürlich auch das Wissen zu diesen Pflegeeinrichtungen hier mit aufgeführt.

Natürlich möchte ich auch gerne die Meinung der Leser zu meinem Buch kennen lernen. Daher würde es mich sehr freuen, wenn wir in Kontakt bleiben würden. Eine Möglichkeit hierfür ist die Facebook-Seite dieses Buches, welche unter facebook.com/dann.wollen.wir.mal.duschen.gehen gefunden werden kann. Über ein „Like" würde ich mich da sehr freuen und dort werde ich auch über aktuelle Änderungen informieren oder einfach mal etwas lustiges, interessantes oder informatives posten.

Natürlich freue ich mich auch, wenn ihr mir Anregungen, Vorschläge und Fragen sendet. Benutzt dazu einfach die „Email-Adresse zum Buch": dwwmdg@gmail.com

Und nun wünsche ich viel Spaß mit meinem Buch!

Einführung in die Pflege

Gesundheit und Krankheit

Die Frage, was Gesundheit und Krankheit ist scheidet ein klein wenig die Gemüter. Bezieht sich bei dem einen die Gesundheit wirklich ausschließlich auf das Fehlen geistiger und/oder körperlicher Krankheiten, so definiert die Weltgesundheitsorganisation (WHO) Gesundheit wie folgt:

(..)Zustand von vollständigem physischem, geistigem und sozialem Wohlbefinden, der sich nicht nur durch die Abwesenheit von Krankheit oder Behinderung auszeichnet.

Dies unterscheidet sich nicht nur darin, dass eben Krankheit fehlt, sondern auch darin, dass das soziale Wohlbefinden mit berücksichtigt wird.

Der Patient muss sich also vollständig physisch, also körperlich und geistig wohl fühlen, aber auch mit seinem sozialen Befinden vollends zufrieden sein. Dies bedeutet vor allem, dass er ausreichende soziale Kontakte und Beziehungen hat und diese auch entsprechend nutzen und pflegen kann. Fehlt ihm zum Beispiel die finanzielle Möglichkeit seine sozialen Kontakte in einem Sportverein weiter zu treffen, da er arbeitslos geworden ist, so müsste man dies laut WHO schon als nicht vollkommene Gesundheit werten.

Es gibt alles in allem eine hohe Zahl von Definitionen der Gesundheit, die sich zumindest darin einig sind, dass man keinerlei geistigen oder körperlichen Krankheiten haben darf um als Gesund zu zählen. In Anbetracht dessen, dass die WHO wohl als größte Organisation zu zählen ist, die sich mit diesem Bereich befasst, halten wir uns hier an deren Definition, bei der eben nicht nur das Fehlen von Krankheit der Gesundheit gleich zu setzen ist.

Stellt sich dann die Frage: Was ist denn dann Krankheit?

Krankheit wird in der Regel als zeitweise oder dauerhafte Störung der körperlichen, geistigen und/oder seelischen Funktionen, die dazu führt, dass das Wohlbefinden und/oder die Leistungsfähigkeit negativ beeinträchtigt wird oder diese negative Beeinträchtigung zu erwarten ist definiert.

Wie sie sicherlich bemerkt haben ist hier keine Einbeziehung des sozialen Wohlbefindens vorhanden. Krankheit und Gesundheit sind zwar Gegensätze, jedoch nicht in einer solchen Art, dass es ein reines „schwarz-weiß-Denken" voraussetzt. Eher handelt es sich hierbei um einen Übergang von Schwarz und Weiß in vielen Stufen, also bildlich gesehen in verschiedenen Grautönen. So können fehlende soziale Kontakte sicherlich dazu führen, dass am Anfang vielleicht keinerlei Beeinträchtigung in den genannten

Bereichen vorhanden sind, diese aber vor allem im seelischen Bereich vermutlich auftreten werden. Somit kann man auch hier dann von einer Krankheit sprechen, denn es ist zu erwarten, dass das seelische Wohlbefinden durch z.B. Depressionen negativ beeinträchtigt wird.

Grundpflege und Behandlungspflege

In der Pflege unterscheiden wir zwei große Bereiche. Auf der einen Seite haben wir die Grundpflege, auf der anderen Seite die Behandlungspflege. Hinzu kommt dann noch der hauswirtschaftliche Bereich, den ich hierbei aber außen vor lassen möchte.

Die Grundpflege umfasst pflegerische Tätigkeiten des Lebens, die auch ein gesunder Mensch machen würde. Beispiele hierfür sind:

- Waschen
- Duschen
- Zähne putzen
- Anziehen/Ausziehen
- Toilettengänge
- Kämmen
- usw.

Die Behandlungspflege hingegen bezieht sich auf pflegerische Tätigkeiten, die der Behandlung der PB dienen, sprich Krankheiten lindert oder vermeidet (Prophylaxe). Beispiele hierfür sind:

- Verbandwechsel

- Insulingabe (subkutane Injektion)
- Medikamentengabe
- Wundversorgung
- Versorgung von Kathedern und/oder Sonden
- usw.

In der Behandlungspflege sind also Maßnahmen, die vom Arzt angeordnet werden und in Absprache mit diesem durch die <u>examinierte</u> Pflegekraft durchgeführt werden. Einige der Tätigkeiten können unter bestimmten Voraussetzungen auch durch Pflegehelfer durchgeführt werden, z.B. die subcutane Injektion. Hierzu sollte man sich aber genauestens informieren und entsprechende Lehrgänge absolvieren. Diese Beispiele sind natürlich nur ein kleiner Ausschnitt der Tätigkeiten in diesem Bereich. Im Anhang finden sie eine detailliertere Liste.

Bitte beachten Sie, dass es einen Unterschied zwischen der häuslichen Krankenpflege der Krankenkassen (nach SGB V) und der Pflege auf Grundlage der Pflegestufe. Bei beiden gibt es gleichlautende Bezeichnungen. So gibt es in der häuslichen Krankenpflege ebenfalls z.B. eine Grundpflege. Die häusliche Krankenpflege ist jedoch nicht zu beantragen, sondern wird vom Arzt verordnet, wenn auf Grund von Krankheit eine selbständige Pflege nicht gewährleitet wäre. Sie ist in diesem Fall auch von der Krankenkasse zu genehmigen, welche diese dann auch bezahlt. Eine Pflegestufe ist hierfür nicht notwendig.

Leistungen der Pflegekasse, also nach Sozialgesetzbuch XI (SGB XI) hingegen müssen beantragt werden und es Bedarf gewisser Voraussetzungen damit diese genehmigt werden. So muss zum Beispiel eine Pflegebedarf von täglich mindestens 90 Minuten bestehen, von denen mindestens 45 Minuten Grundpflege sein müssen. Auch muss der Pflegebedarf für einen Zeitraum von voraussichtlich mindestens sechs Monaten bestehen. Zu den genaueren Bedingungen kommen wir im Bereich der rechtlichen Grundlagen noch detaillierter.

Psychosoziale Aspekte in der Pflege

Der Mensch als ganzheitliches Wesen

Eine kurze Zeitreise

Der Abend des 24. Juni 1859, nach der Schlacht um Solferino, ist Henry Dunant auf dem Weg zu Napoleon und erlebt dabei hautnah die Schrecken und das Leid der Soldaten, die bei dieser grauenhaften Schlacht verletzt und getötet wurden.

Nach den Erlebnissen verlegt Dunant auf eigene Kosten 1862 ein Buch hierrüber und schickt es an führende Persönlichkeiten wie Politiker und einflussreiche Geschäftsleute bzw. Persönlichkeiten des öffentlichen Lebens.

Beeindruck hiervon kommt es ein Jahr später zur Gründung des Internationalen Komitees der Hilfsgesellschaften für Verwundetenpflege in Genf, das ab 1876 den Namen Internationales Komitee vom Roten Kreuz trägt und zur Verabschiedung der ersten Genfer Konventionen durch 12 Länder Europas.

Das Rote Kreuz ist geboren, der Rote Halbmond wird als Pendant dazu 1868 im osmanischen Reich gegründet.

Dunant ist es wichtig, dass Verwundeten auf den Schlachtfeldern versorgt werden, ohne die Helfer einer unnötigen Gefahr auszusetzen. Wichtig ist ihm aber auch, dass die Helfer neutral ohne Partei zu ergreifen den Verwundeten unabhängig von ihrer Zugehörigkeit helfen bzw. helfen können. Aus dieser Grundidee ergeben sich dann die Grundsätze des Roten Kreuz & des Roten Halbmond:

Menschlichkeit
Den Menschen dienen, nicht dem System

Unparteilichkeit
Versorgung von Opfer und Verursacher

Neutralität
Initiative ergreifen, aber nicht Partei

Unabhängigkeit
der Not dienen, aber nicht dem Herrscher

Freiwilligkeit
wir arbeiten rund um die Uhr, aber nicht in die eigene Tasche

Einheit
viele Talente, eine Idee

Universalität
wir achten Nationen, aber keine Grenzen

Letztendlich ergibt sich auch aus diesem Grundgedanken und der Fortführung dieser und weiteren Theorien das heutige Menschenbild in der Pflege.

- **Pflege mit Würde und Respekt!**
- **Achtung als individuelle Persönlichkeit mit seinen Stärken und Schwächen!**

Dies bedeutet in erster Linie eine Pflege die den

- Körperlichen Bedürfnissen
- Psychischen Bedürfnissen
- Geistigen Bedürfnissen
- Sozialkulturellen Bedürfnissen

angepasst ist und auf diese Bedürfnisse und der daraus entstehenden Individualität vollkommene Rücksicht nimmt.

Bedenken Sie, dass es sich um Menschen handelt mit denen Sie arbeiten und somit die Menschlichkeit an vorderster Stelle ihres Handelns und Tuns stehen muss. Auch wenn der Beruf oftmals stressig sein kann und nicht selten auf Grund der hohen Anzahl von PB fast an Fließbandarbeit erinnert, so ist es doch ihre erste Aufgabe, sich dies bei den PB nicht anmerken zu lassen. So erleichtert es Ihnen letztendlich auch die Arbeit, wenn sich der PB darüber freut, dass sie wieder für ihn da sind, da es ihn mehr ermutigt mitzumachen.

In diesem Zusammenhang verweise ich in meinen Schulungen immer sehr gerne auf ein Zitat von Albert Schweitzer:

"Ehrfurcht vor dem Leben ist die höchste Instanz. Was sie gebietet, hat seine Bedeutung auch dann, wenn es töricht oder vergeblich scheint..„

Wenn sie nach dieser Vorgabe ihrer Tätigkeit nachgehen, so ist dies wohl die beste Grundlage ihres Handelns. Schwieriger als sich daran zu halten ist es wohl am ehesten sich immer wieder daran zu erinnern.

Das Altern
Altern ist wohl das beständigste, was ein Mensch in seinem Leben macht. Es beginnt am Tag der Geburt und endet mit dem letzten Atemzug den wir machen.

Für das Alter gibt es jedoch drei verschiedenen Formen die wir kennen sollten.

Als erstes ist da das **chronologische Alter** oder auch kalendarische Alter. Letzteres erklärt diesen Begriff schon etwas genauer, denn es handelt sich um das Alter gemessen in Jahren, Tagen oder in einer sonstigen Zeiteinheit. Errechnet wird es auf Grundlage des Geburtsdatums.

Die zweite Form ist das **biologische Alter**, welches man nicht genau in Zahlen fassen kann. Es ist vielmehr das Alter in dem ein Mensch rein auf Grundlage der körperlichen und geistigen Verfassung ist. Wir kennen diese Beispiele zu genüge, in denen ein 75-jähriger körperlich fitter als vielleicht ein 60-jähriger ist

Die dritte Form des Alters ist das **soziale Alter**. Dieses wird durch die Lebensumstände wie Kontakte, Arbeit und Lebensart geprägt. So kann zum Beispiel der Freundes- und Bekanntenkreis einen großen Einfluss nehmen, sowohl in die eine als auch in die andere Richtung. Während doch vor Jahren noch Freundeskreise eher aus Menschen bestanden, die sich im ungefähr selben Alter befanden, so ist die Spanne hier heute doch häufig viel weiter. Nicht selten ist es heutzutage so, dass sich in einer Gruppe Menschen befinden die Mitte Zwanzig sind, aber auch Personen Ende 40 oder gar Anfang 50.
„Vierzig ist das neue 20!" - Kaum ein Spruch der heutigen Zeit spiegelt das soziale Alter besser wieder als dieser. Wer es in der Praxis sehen will, braucht nur einmal ein Konzert der Rolling Stones oder von AC/DC zu besuchen.

Der lebenslange Prozess des Alterns lässt sich chronologisch nicht aufhalten oder verlangsamen. Biologisch ist eine Verlangsamung durch gesunde Ernährung, ausreichende Bewegung oder auch dem ein oder anderem Hilfsmittel wie Cremes und Salben sicherlich in einem gewissen Rahmen möglich. Auch das soziale Alter ist natürlich direkt oder auch indirekt zu beeinflussen. Hier sind es wohl am ehesten die Kontakte, aber auch Kleidung Lebensstil und Lebensweise, die hier ihre Wirkung zeigen. Während früher die weinenden Enkelkinder zu Oma oder Opa auf den Schaukelstuhl klettern mussten, so müssen Oma und Opa heute erst mal vom Mountainbike herunter steigen um die Enkel zu trösten.

Dies alles liegt aber nicht zuletzt auch daran, dass sich die Lebenserwartung in Nationen wie Deutschland drastisch Verändert hat. Heute geborene haben eine Lebenserwartung von 100 Jahren und mehr! Die Gründe hierfür sind unterschiedlich:

- Medizinischer Fortschritt
- Ernährung (bewusstere Ernährung und angemessene Mengen an Lebensmitteln)
- Allgemeiner Lebensstil (z.B.: Verhältnis von Arbeit und Freizeit, Stressbewältigung, etc.)
- Hygiene

Diese jetzt nur einmal als einige Beispiele genannt.

Wenn man es ganz reell sieht, ist der Mensch nämlich für eine solche Lebensdauer ursprünglich gar nicht gedacht. Noch im Mittelalter war eine Person die vielleicht 40 Jahre alt war schon ein alter Mensch. Und schauen sie sich doch einmal die Fotos der 50er oder 60er Jahre des vorigen Jahrhunderts an. Ein 60 Jahre alter Mann, sah da oftmals älter aus als ein heute 75-jähriger.

Chronologisch war er jünger, biologisch und sozial jedoch deutlich älter.

Laut Mikrozensus lebten 2011 in Deutschland insgesamt 16,5 Mio Menschen die 65 Jahre oder alter waren. Dies entspricht einem Prozentsatz von 20,6 %, also rund jeder fünfte in Deutschland. Hiervon waren sogar fast 7,5 Mio Menschen 75 Jahre oder älter, was 9,3% entspricht, somit nahezu jeder 10 Bundesbürger. 5 Jahre zuvor waren es nur rund 18% der Bevölkerung die 65 und älter waren.

Bedingt durch diverse Faktoren wird es im Verhältnis immer mehr ältere Menschen geben und somit natürlich auch der Bedarf an Pflegekräften in den kommenden Jahren steigen. Somit ist es ein guter Grund sich für eine Tätigkeit im Bereich der Altenpflege zu entscheiden.

Grundbedürfnisse des Patienten

Die Grundbedürfnisse der PB sind Grundlage für das Handeln der Pflegekräfte. Hierzu zählen neben den Grundbedürfnissen wie der Nahrungsaufnahme auch soziale Kontakte und persönlich individuelle Bedürfnisse.

Diese Grundbedürfnisse werden in der sogenannten Bedürfnispyramide nach Maslow dargestellt:

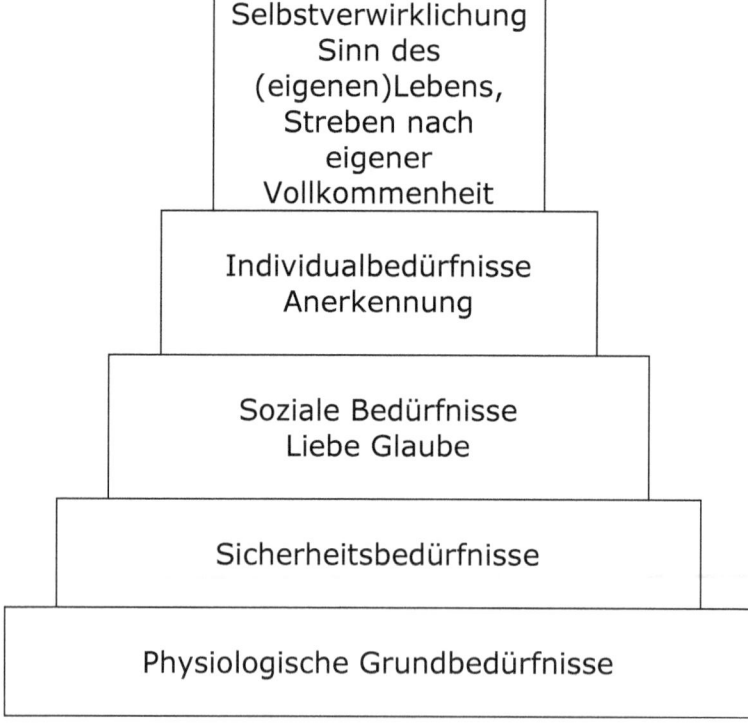

Wie auch eine wirkliche Pyramide können die oberen Bausteine nicht ohne die unteren

Bausteine stehen bleiben. Daher ist die höhere Stufe der Pyramide nur zu erreichen, wenn die vorherigen zur vollen Zufriedenheit erfüllt sind. Betrachten wir die Bedürfnispyramide einmal in der richtigen Reihenfolge, also die einzelnen Stufen von unten nach oben genauer und legen diese auf die Bedürfnisse von PB um.

Physiologische Grundbedürfnisse

Hierzu zählen die absoluten Grundbedürfnisse, die zur Erhaltung der lebenswichtigen Funktionen zwingend erforderlich sind. Dazu gehören die Nahrungsaufnahme, Aufnahme von Flüssigkeiten aber auch die Ausscheidung von Stuhl und Urin. Kurz gesagt alles was nötig ist um zu überleben. Maslow sieht auch die Sexualität in diesen Bedürfnissen. Hierbei handelt es sich jedoch wohl eher um den reinen Sexualtrieb zur Arterhaltung.

Sicherheitsbedürfnisse

Das Bedürfnis nach Sicherheit entwickelt sich bereits im frühesten Säuglingsalter zum Beispiel mit der Bedürfnis nach der Mutter und verbleibt auch bis ins hohe Alter. Als Beispiel sei hier erwähnt, dass ein mangelndes Gefühl von Sicherheit bei PB zu Desinteresse in den unterschiedlichsten Bereichen führen kann. Das Sicherheitsgefühl kann durch die neue Umgebung in einem Altenwohnheim entstehen, aber auch durch fehlende Möglichkeiten sich z.B. an Handläufen oder mit anderen Hilfsmittel bei der Fortbewegung sicher zu fühlen. Die PB werden dann eher auf die Bedürfnisse wie soziale Kontakte in den höheren Stufen verzichten und sich lieber im „sicheren Sessel" in ihrem Zimmer aufhalten anstatt an Aktivitäten im Wohnheim teilzunehmen.

Soziale Kontakte

Sind die physiologische Bedürfnisse und Sicherheitsbedürfnisse weitestgehend erfüllt, so wird die Person das Bedürfnis an sozialen Kontakten für sich entdecken. Bei Kindern zum Beispiel dadurch, dass sie Spielgefährten suchen und beginnen ihren Freundeskreis zu bilden. Fühlt sich ein Kind in seiner Umgebung nicht sicher, so wird es auch kein Interesse an sozialen Kontakten entwickeln. Zu den sozialen Bedürfnissen zählt später auch das Bedürfnis nach einer Lebenspartnerschaft, also nach einem Menschen den man lieben kann. Wichtig war es Maslow aus dem Bereich der Liebe den Sex heraus zu nehmen. Diesen sah er in seiner ursprünglichen Form rein als Arterhaltung und somit als physiologisches Grundbedürfnis. Für das Leben eines Menschen bedeutet dies, dass er erst dann eine Liebe suchen wird, wenn er sich in seiner Umgebung sicher fühlt. Sehen wir es anders herum, so kann der Tod eines geliebten Menschen auch dazu führen, dass ein Interesse an den höheren Bedürfnissen weg fällt. Daran wird die Person erst dann wieder interessiert sein, wenn es seine sozialen Bedürfnisse wieder als befriedigt ansieht. Dies muss aber natürlich nicht bedeuten, dass ein neuer Lebenspartner gefunden werden muss. Auch die Neuausrichtung der Bedürfnisse kann zur Erfüllung dieser führen. Dies ist oftmals der Fall, wenn die Person für sich entscheidet keine neue Partnerschaft einzugehen und somit seine sozialen Bedürfnisse in so weit ausrichtet, dass ihr ein Freundeskreis genügt. Das erklärt auch, warum es oftmals dazu führt, dass Menschen ihre Hobbies vernachlässigen, nachdem der Lebenspartner verstorben ist.

Individuelle Bedürfnisse

Die individuellen Bedürfnisse sind unterschiedlicher Natur. Sie sind individuell von Person zu Person unterschiedlich und können nicht pauschal beschrieben werden. Zu diesen zählt zum Beispiel das Bedürfnis nach Anerkennung durch andere Personen. Dies wird dann in diesem Fall durch Erarbeitung von Wissen erlangt. Aber auch seine persönlichen Wünsche, wie Urlaubsreisen und ähnliches, zählen zu diesen individuellen Bedürfnissen.

Selbstverwirklichung

Am oberen Ende der Bedürfnispyramide steht nach Maslow die Selbstverwirklichung. Sind alle sonstigen Bedürfnisse gestillt, so strebt der

Mensch nach seiner Meinung nach „höherem". Hier spielt bei manchen der Glauben wieder eine große Rolle, weil sie versuchen Gott nahe zu kommen indem sie zum Beispiel beginnen zu pilgern, um so eine höhere Stufe des Seins zu finden. Auch die Suche nach dem Sinn des Lebens und der Wunsch „Spuren zu hinterlassen" gilt als Selbstverwirklichung. Nicht selten kommt es daher vor, dass Personen die im Leben, wie man so schön sagt alles erreicht haben, plötzlich versuchen auf ihre Art und Weise die Welt zu verbessern indem sie Spenden und Gutes tun oder Hilfsorganisationen gründen und ähnliches.

Kommunikation

Kommunikation ist ein Themenbereich der Pflege und Betreuung, das alleine schon mehrere Wochen besprochen werden könnte, ohne dass es eine Wiederholung geben würde. Zugleich ist es aber auch einer der wichtigsten Bestandteile der Arbeit mit Menschen. Ohne funktionierende Kommunikation ist eine Pflege und Betreuung nicht in dem Maße möglich, wie sie der Patient verdient beziehungsweise benötigt.

Kommunizieren können wir auf unterschiedlichste Art und Weise. Eine erste Einteilung ist hierbei die verbale, die nonverbale und die paraverbale Kommunikation. Diese möchte ich im folgenden Abschnitt gerne erklären.

Verbale Kommunikation

Unter verbaler Kommunikation verstehen wir kurz gesagt Wort. Jedoch nicht alle worte gehören hier in diese Gruppe, sondern lediglich das gesprochene Wort also nur wenn Person A etwas zu Person sagt. Geschriebene Wörter zählen nicht zu verbalen Kommunikation, sondern gehören in den Bereich nonverbale Kommunikation, der im folgenden Absatz erklärt wird.

Nonverbale Kommunikation

Nonverbale Kommunikation ist jegliche Art der Kommunikation, die NICHT gesprochen wird. Hierzu zählen Mimik, Gestik,

Körpersprache aber auch geschriebene Worte wie in Emails oder Briefen.

Paraverbale Kommunikation

Die dritte Art der Kommunikation ist die paraverbale Kommunikation, welche die Stimme als Mittel des Ausdrucks von Gefühlen, Empfindungen etc. nutzt. Als Beispiel hierfür möchte ich die Betonung und den Tonfall nennen. Hierbei können einzelne Worte hervorgerufen werden indem man sie ganz besonders betont oder aber auch Sprechpausen. Ein Beispiel welches dies gut verdeutlicht ist der Enkel der in den Flur ruft „Wir essen jetzt, Opa!". Lassen sie doch einmal die Sprechpause, welche durch das Komma gesetzt wird weg. „Wir essen jetzt Opa!" – Na dann guten Appetit!

Zur paraverbalen Kommunikation passt dann auch gleich die Thematik von analoger und digitaler Kommunikation. Analog ist das, was wir normalerweise beim Sprechen nutzen. Digital hingegen ist es dann, wenn in der Stimme absolut keine Betonung, also paraverbale Kommunikation vorhanden ist. Das beste Beispiel hierfür ist die telefonische Zeitansage oder von Computern vorgelesene Texte.

Grundlagen der Kommunikation

„Man kann nicht nicht kommunizieren!" – dieser Satz von Paul Watzlawick sagt eigentlich schon alles. Ständig kommunizieren wir. Selbst wenn wir krampfhaft versuchen den unerwünschten Gesprächspartner einfach zu ignorieren und nicht mit ihm zu reden kommunizieren wir, denn wir zeigen ihm (nonverbal), dass wir nicht mit ihm reden wollen. Wichtig für eine funktionierende Kommunikation ist es, dass Sender und Empfänger einen gemeinsamen Code verwenden. Dies hat nicht zwangsläufig etwas mit einer Geheimdienstnachricht zu tun, sondern spricht schon alleine die Sprache an, in der wir uns verständigen. Was nutzt es, wenn sie eine ergreifende, rhetorisch perfekte Ansprache halten, sie aber in Thailand diese in Deutsch halten? Kaum einer der Zuhörer wird sie verstehen! Ebenso ist es mit der Körpersprache. Während ein Nicken bei uns eine Zustimmung bedeutet, gibt es Länder in denen es genau das Gegenteil bedeutet. Wenn man das nicht weiß, sind Kommunikationsprobleme vorprogrammiert. Natürlich spielt es auch eine Rolle wie gut man sich kennt. Jeder kennt den Ausspruch über das Paar, welches sich „ohne Worte versteht". Man hat sich einen gemeinsamen Code angeeignet, den andere vielleicht gar nicht verstehen oder gar bemerken.

Die vier Ebenen der Kommunikation

Nach Friedemann Schulz von Thun enthält jeder Satz vier Ebenen die hiermit zum Ausdruck gebracht werden

Die Sachebene

Hierbei handelt es sich um die reine sachliche Aussage die getätigt wurde.
Zum Beispiel in dem Satz „Da sitzt irgendein Vogel auf dem Zaun" rein die Tatsache, dass eben irgendein Vogel auf dem Zaun sitzt.

Die Selbstoffenbarung

Hierbei handelt es sich um das, was der Sender über sich selber bekannt gibt. In unserem Beispiel die Tatsache, dass er nicht weiß was für ein Vogel es ist.

Die Beziehungsebene

Hier wird die Beziehung zwischen Sender und Empfänger dargestellt. In unserem Beispiel, dass der Sender denkt, dass der Empfänger ihm sagen kann um was für einen Vogel es sich handelt

Der Apell

Das, was ich mit meiner Aussage erreichen möchte, also hier, dass der Empfänger dem Sender sagt, was für ein Vogel es ist.

Auf Basis dieser vier Ebenen kann eine Kommunikation funktionieren, jedoch nur, wenn beide Seiten, also Sender und Empfänger, die einzelnen Ebenen auch gleich verstehen. Hier ein Beispiel für missverstandene Kommunikation in der Pflege.

Der Patient sagt zur Pflegekraft: „Der Verband ist aber sehr eng!"

Was der Patient meint	Was die Pflegekraft versteht
Der Verband ist sehr eng	Der Verband ist sehr eng
Der Verband stört mich/schmerzt	Ich habe wieder einen Fehler gefunden
Sie können mir helfen	Sie machen alles falsch
Helfen Sie mir dabei	Lernen Sie es endlich richtig

Hierdurch, also die nicht gleiche Codierung bzw. die andere Interpretation kann es zu Missverständnissen und sogar Streitigkeiten kommen. Daher ist eine klare, unmissverständliche Kommunikation gerade dann wenn man jemanden nicht so gut kennt, unausweichlich, wenn so etwas vermieden werden soll.

Übermitteln Sie daher alle Informationen für PB so, dass diese einfach und vor allem verständlich sind. Im Laufe der Zeit werden sich für uns gängige Fachbegriffe in unserem Wortschatz breit machen, die für Patienten unter Umständen „böhmische Dörfer" sind. Auch dies kann zu Missverständnissen und somit zu einer Problematik in der Pflege führen. Stellen sie sich nur vor, der PB versteht unter Dehydration genau das Gegenteil und trinkt deshalb noch weniger!

Struktur einer Pflegeeinrichtung

Wie eine Pflegeeinrichtung strukturiert ist, hängt selbstverständlich von diversen Faktoren ab. Zum einen ist es natürlich eine Frage der Größe, auf der anderen Seite natürlich auch eine Frage welche Aufgaben die Pflegeeinrichtung selber übernimmt und welche sie an Fremdfirmen abgibt. Aus diesem Grund kann hier natürlich lediglich die grobe Struktur aufgeführt werden und es empfiehlt sich immer vor der Aufnahme der Tätigkeit die nötigen Informationen über die genaue Strukturierung der jeweiligen Pflegeeinrichtung einzuholen. Ein kleiner Familienbetrieb mit vielleicht 5 Angestellten hat hier sicherlich eine ganz andere Strukturierung als eine Universitätsklinik.

In Krankenhäusern sind die einzelnen Abteilungen in der Regel nach Fachrichtungen unterteilt. Dies können zum Beispiel die Abteilungen Innere Medizin, Chirurgie oder Gynäkologie sein. Hier gibt es dann den Chefarzt der Abteilung mit seinen Oberärzten, gefolgt von den Assistenzärzten, die das ärztliche Personal bilden. Beim Pflegepersonal gibt es zumeist eine Stationsleitung, also eine examinierte Pflegekraft die als Leitung der gesamten Pflegekräfte der jeweiligen Station fungiert. Der Stationsleitung folgen die examinierten Pflegekräfte, welche wiederum dem Pflegehern und Pflegehelferinnen gegenüber weisungsbefugt sind.

Die Leitung über alle Pflegekräfte aller Stationen hat die sogenannte Pflegedienstleitung (PDL), für die es, wie auch in anderen Funktionen, einer besonderen Zusatzqualifikation bedarf.

Neben der personellen Struktur gibt es aber auch Unterschiede darin, wie zum Beispiel eine Station oder ein Pflegeheim die auszuführenden Arbeiten strukturiert.

Auf den meisten Stationen in Pflegeeinrichtungen wird nach dem Prinzip der **Bereichspflege** gearbeitet. Hierbei kümmert sich ein Team von Pflegekräften um alle Belange der Patienten. Dies beginnt beim Betten machen, über Blutdruckmessungen und endet, soweit die Ausbildung es erlaubt, bei Tätigkeiten wie Verbandwechsel oder subkutaner Injektion.

Ebenfalls zum Einsatz kommt die **Funktionspflege**, bei der jede Pflegekraft eine oder mehrere festgelegte Funktion(en) auf einer Station hat. Während Pflegekraft A bei allen Patienten z.B. die Vitalwerte (Blutdruck, Temperatur, Puls, etc.) überprüft, ist Pflegekraft B für das Bettenmachen zuständig. Die nächste ist für das Verteilen des Essens und der Getränke zuständig und so weiter. Gerade bei besonderen Tätigkeiten kann dies von Vorteil sein, da die Pflegekraft ihre Arbeiten sehr geübt und routiniert durchführen kann oder vielleicht sogar spezielle Erfahrungen und Schulungen hierzu hat. Auf der negativen Seite ist aber zu vermerken, dass hierdurch eine Art Fließbandarbeit auftritt, unter welcher leider oft auch der Patient leidet, da der persönliche Bezug verloren gehen kann und zudem sehr viele Pflegekräfte am Patienten arbeiten.

Die dritte Art der Pflege ist die sogenannte **Bezugspflege**. Hierbei ist eine Pflegkraft für alle Belange einer kleinen Gruppe von Patienten verantwortlich. Von der Aufnahme bis zur Entlassung (im Krankenhaus) oder dem Tod ist die Pflegekraft für die gesamte Pflege des Patienten zuständig, also vom Waschen bis hin zu Verbänden, subkutanen Injektionen und sonstigen Tätigkeiten. Der Vorteil ist für den Patienten natürlich, dass er eine feste Bezugsperson hat, an die er sich bei allen Belangen wenden kann. Ein hohes Maß an

Vertrauen kann so aufgebaut werden und die Pflege ist für den PB angenehmer.

Aber auch diese Pflegeform hat einige Nachteile, die man nicht vergessen sollte. Sie ist sehr Personalintensiv und auf Grund der sehr engen Bindung von Pflegekraft und PB kann es vorkommen, dass Probleme aufkommen, wenn die Pflegekraft zum Beispiel Urlaub hat oder krankheitsbedingt ausfällt.

Die Bezugspflege findet man in Krankenhäusern zum Beispiel oft auf Intensiv- oder ganz speziellen Stationen.

Zusätzlich sind Pflegeeinrichtungen auch noch in Ihre Funktionsbereiche unterteilt. So gibt es den Verwaltungsbereich, der für Abrechnungen mit den Kassen zuständig ist, für die Geschäftsführung, Kalkulation und natürlich nicht zuletzt auch für die Lohnabrechnung etc.

Dazu kommt der Versorgungsbereich, zu dem zum Beispiel, je nach Strukturierung auch der technische Dienst wie Hausmeister, sowie die Küche, Wäscherei und so weiter zählen. Einige dieser Tätigkeiten sind jedoch wie vorhin bereits angesprochen mittlerweile oftmals ausgelagert. In den meisten Pflegeeinrichtungen gibt es nur noch selten eine Wäscherei, oftmals wird mit Firmen zusammen gearbeitet, die die Pflegeeinrichtung stets mit frischer Wäsche versorgen und benutzte Wäsche zwecks

Reinigung mitnehmen. Hierdurch spart man die Personalkosten und übergibt auch die Verantwortung, wie zum Beispiel der fachgerechten Reinigung bei infektiösen Erkrankungen. Der Fachbegriff für diese Abgabe der Aufgaben an externe Unternehmen nennt sich Outsourcing oder deutsch Auslagerung.

Gestaltung der Bewohnerzimmer

Wie der Name dieses Abschnittes bereits sagt, geht es bei diesem Teil darum welche Möglichkeiten ich habe ein Bewohnerzimmer zu gestalten. Es geht hierbei nicht um Krankenzimmer, wie wir sie in Krankenhäusern finden. Diese sind zum größten Teil auf Funktionalität ausgelegt, da die PB in der Regel auch nicht so lange hier verweilen wie zum Beispiel in einem Altenheim. Gerade für den Bereich der Altenpflege ist die Gestaltung der Bewohner aber sehr wichtig, da es der Lebensraum des PB ist, in dem er in den meisten Fällen den Rest seines Lebens verbringen wird.

Einrichtung und persönliche Gegenstände

Für den PB stellt der Einzug in eine Altenpflegeheim einen extremen Einschnitt in seine Lebensgewohnheiten dar. Gerade bei sehr alten PB schwirrt im Kopf oft noch das Bild früherer Altenheime im Kopf, die teilweise eher einer Verwahranstalt glichen. Auch wenn sich der PB auf das Altenheim und seinen somit beginnenden neuen Lebensabschnitt freut, bleibt es doch ein großer Schritt. Um diesen Schritt zu erleichtern, ist es hilfreich persönliche Gegenstände mit in das Zimmer zu integrieren. Dies können zum Beispiel Möbelstücke sein, wie der Lieblingssessel oder aber auch eine Standuhr, die von Bedeutung für den PB ist. Aber auch persönliche Gegenstände wie Fotografien oder Sammlungen sind hierbei hilfreich.

Als Mindestausstattung eines Bewohnerzimmers sollten

- Ein Pflegebett mit Nachttisch
- Ein Tisch mit stabilen Stühlen
- Eigene Möbel wie Sessel etc.
- Pflanzen oder Blumen
- Ggfls. Fernseher und Radio
- Soweit möglich eine verschließbare Tür (PB-abhängig)
- In Zukunft sicherlich auch Internetanschluss etc.

zur Verfügung stehen.

Für ausreichendes Licht sollten ein großes Fenster, entsprechende Deckenleuchte, eventuell eine Leselampe sowie ein Orientierungslicht (Nachtlicht) sorgen.

Die Bewohnerräume sollten auf der einen Seite dem PB einen Rückzugsraum und Sicherheit bieten, auf der anderen Seite jedoch seiner Aktivierung nicht im Weg stehen. Offene Räume, auch und vor allem im Bereich der Gemeinschaftsräume, bieten hier zum Beispiel die Möglichkeit dem Bewegungsdrang Freiraum zu geben und auch mit anderen Bewohnern in Kontakt zu bleiben. Oder würden Sie Türen öffnen um nachzusehen ob vielleicht jemand dahinter ist, mit dem man sich unterhalten kann?

Schutz des Patienten

Auch wenn wir versuchen sollten die Räume entsprechend den Wünschen und Bedürfnissen der Patienten einzurichten, so gibt es doch sicherlich einige Punkte, die wir zur Sicherheit der Patienten auch beachten müssen. Hier ist vor allem die sogenannte Sturzprophylaxe ein ganz wichtiger Punkt. Diese ist besonders für Menschen wichtig, die Probleme bei der Fortbewegung haben, zum Beispiel durch Erkrankungen wie Parkinson oder durch die Folgen eines Apoplex etc.

Stolperfallen, wie hohe Teppichkanten, sollten vermieden werden. Was nutzt es dem PB, wenn er einen schönen Teppich im Zimmer hat, aber wegen einem Schenkelhalsbruch im Krankenhaus liegt und ihn nicht sehen kann?

Handläufe auf Fluren bieten den Patienten ebenfalls Sicherheit, ebenso wie vielleicht ein Sideboard oder eine Kommode die im Zimmer so aufgestellt ist, dass der PB sich daran abstützen kann. Bitte beachten Sie ebenfalls, dass manchmal gut gemeinte Dekorationen für den Patienten zum unüberwindbaren Hindernis werden können. Große Pflanzen die zum Beispiel im Flur den Handlauf verbergen können dazu führen, dass sich der PB nicht traut an Ihnen vorbei zu gehen und schon sitzt er alleine im Zimmer anstatt mit anderen Bewohnern soziale Kontakte zu pflegen. Hier wieder der Hinweis auf die Bedürfnispyramide, bei der in diesem Beispiel das Sicherheitsbedürfnis nicht erfüllt ist und somit die Stufe mit den sozialen Bedürfnissen nicht erreicht werden kann.

Oftmals ärgern sie sich vielleicht später über den rauen, stark strukturierten Boden, welcher sich nur sehr schwer abwischen lässt. Bedenken sie aber, dass auch hier die Sicherheit der Patienten vorgeht. Auf glatten Fliesen jedoch besteht ein erhöhtes Risiko, gerade wenn sie feucht sind, dass ihr PB ausrutscht und dann neben dem anderen PB im Krankenhaus liegt, der über die Teppichkante gestolpert ist. Das fördert zwar indirekt vielleicht die sozialen Kontakte, weil endlich jemand Oma oder Opa besuchen wird, eignet sich als Mittel jedoch nicht wirklich.

Sicherlich werden die meisten von Ihnen nicht an den Planungen von Bewohnerzimmern beteiligt werden, sind sie jedoch bei einem mobilen Pflegedienst beschäftigt, können sie zusammen mit den Angehörigen aktiv am Schutz der PB mitwirken, indem sie auf solche Gefahren hinweisen.

<u>Achten Sie daher auf folgende Beispiele von Gefahren die zum Sturz des Patienten führen können:</u>

- Fordern Sie PB auf, etwaige Hilfsmittel beim gehen zu verwenden (Handläufe, Rollator, Stock, etc.)
- Achten Sie auf angemessene Schuhe und gut sitzende Kleidung.
- Weisen Sie darauf hin, dass gerade Nachts eine gute Beleuchtung wichtig ist und/oder sorgen sie hierfür
- Sorgen Sie für gute und Durchgangsmöglichkeiten Achten Sie hierbei auf Teppiche, Kabel, Gegenstände auf dem Boden, etc.
- Beachten Sie ein erhöhtes Sturzrisiko zum Beispiel bei der Einnahme von Schlaf- oder Beruhigungsmittel und vereinbaren sie mit den PB und dessen Angehörigen entsprechende Regeln (z.B. nicht alleine aufstehen etc.)
- Beseitigen sie **sofort** Flüssigkeiten auf dem Boden
- Last not least: Vorsorge und Training sind die besten Mittel um Stürze zu vermeiden. Überlegen Sie ob z.B. auch Mobilitäts-, Kraft- oder Balancetraining für den PB in Frage kommen.

Pflegeplanung und Pflegedokumentation

Pflegeprozess, Pflegeregelkreis und Pflegeplanung

Einen sehr wichtigen Teil der Pflege stellt deren Planung dar. Nun werden Sie sicher sagen, dass Ihnen schon klar ist, dass man sich zuerst mal Gedanken darum macht, wie die Pflege zu erfolgen hat. Das ist richtig und vor allem wichtig! Aber es ist nur dann wirklich gut, wenn diese Planung dauerhaft und regelmäßig überprüft wird, um sie dann an den aktuellen Bedürfnissen anzupassen und so stetig zu verbessern.

Eine Pflege nach dem Modell eines fortlaufenden Kreises, also immer wiederkehrende Überprüfung, neue Planung, etc. gilt heutzutage als Standard in der modernen Pflege. Hierzu gibt es die unterschiedlichsten Modelle, welche ich hier kurz aufführen möchte.

Das geläufigste Modell in Deutschland ist der Pflegeregelkreis in 6 Stufen, welchen sie in der folgenden Abbildung dargestellt sehen.

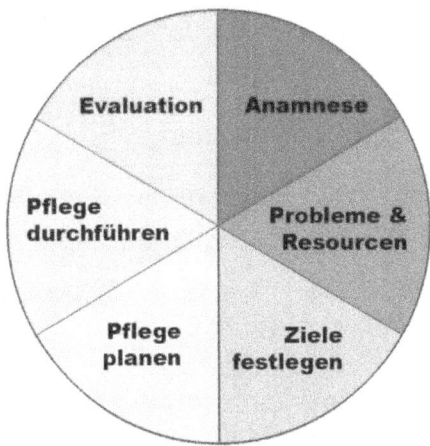

Das 6-stufige Modell wurde Anfang der 1980er Jahre von Fiechtner und Meier entwickelt und ist vor allem durch seine frühe Einführung so weit verbreitet.

Hierbei wird zunächst

1. die Anamnese (Sammlung aller relevanten Informationen durchgeführt. Dann werden die
2. Probleme des PB, aber auch die noch vorhandenen Ressourcen (Was kann der PB noch selber machen) festgestellt. Im dritten Punkt folgt dann
3. die Festsetzung der Ziele, also zum Beispiel „Heilung des Dekubitus" gefolgt von
4. der Planung, was genau in der Pflege zu geschehen hat. Während im fünften Schritt
5. die Pflege durchgeführt wird, wird dann im sechsten

6. die Evaluation folgen, sprich die Kontrolle und Überprüfung der Pflege

Danach beginnt man erneut mit der Informationssammlung beim ersten Schritt.

Mitte der 1990er Jahre erhielt das Modell in vier Stufen, welches auch von der WHO verwendet und propagiert wird mehr und mehr Bedeutung in Deutschland. Dies auch nicht zuletzt durch die Arbeiten und Studien von Monika Krohwinkel, die 1991 die erste Studie im Auftrag des Gesundheitsministeriums durchführte in der es sich um die Pflegeprozesse ging.

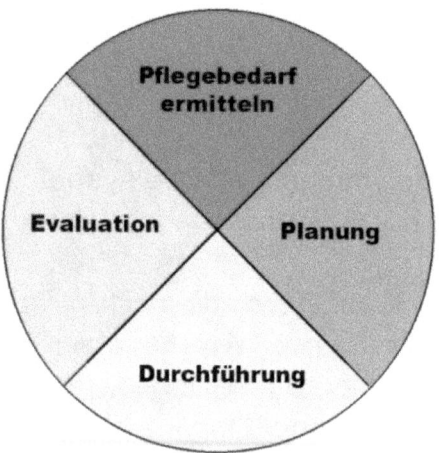

Die Begrifflichkeiten innerhalb der Regelkreise variieren hierbei, im oben dargestellten Kreis sehen sie die vereinfachten, deutschen Begriffe. Im Original lauten diese Assesment, Planning,

Intervention and Evaluation. Diese vereinfachte Art geht Schrittweise wie folgt vor:

1. Ermittlung welchen Bedarf der Patient hat
2. Planung der notwendigen Maßnahmen
3. Durchführung der Maßnahmen und zuletzt
4. Evaluation der Pflege

Auch hier beginnt der Kreislauf dann wieder bei Punkt 1.

Für mich persönlich fehlt im Vierer-Kreis jedoch ein wichtiger Punkt, nämlich die gesamte Anamnese des Patienten, sprich nicht nur den reinen Bedarf an Pflege zu ermitteln, sondern auch Gewohnheiten, Besonderheiten und auch soziale und kulturelle Aspekte zu sammeln um diese entsprechend in der Pflegeplanung mit einzubeziehen. Dies würde dann wie in der folgenden Grafik dargestellt aussehen.

Komplette Anamnese

Pflegeziele festlegen

Überprüfung   **Planung**

Durchführung

Einmalig wird die gesamte Anamnese des Patienten durchgeführt. Hierzu zählen für mich, wie oben angesprochen neben den Bedürfnissen der Pflege auch soziale, kulturelle und persönliche Besonderheiten. Sind diese einmal gesammelt, so muss man sie natürlich nicht jedes mal wieder überprüfen und neu sammeln, da sie sich in der Regel nicht ändern werden.

Dann werden

1. Anamnese (Sammlung aller relevanten Informationen)
2. Die Pflegziele festgelegt
3. Die Maßnahmen geplant
4. Die Pflege durchgeführt
5. Die Maßnahmen und Ergebnisse evaluiert

In diesem Model jedoch beginnt es wieder bei der Pflegeplanung bei Punkt 2, da sich Punkt eins im Normalfall nicht ändern wird.

ABEDL´s nach Monika Krohwinkel

In der Pflege wird heutzutage nach den ABEDLs, den **A**ktivitäten, **B**eziehungen und existenziellen **E**rfahrungen **d**es **L**ebens die Monika Krohwinkel 1999 als Strukturierungshilfe entwickelte gearbeitet. Hierbei kann man grob sagen, dass die pflegerischen Bedürfnisse, welche ein Patient hat in seine persönlichen, zum leben notwendigen Bedürfnisse eingruppiert werden.
Sie unterteilt hierbei in 13 Bedürfnisse, die sich wie folgt gliedern:

I. Kommunizieren können

II. Sich bewegen können

III. Vitale Funktionen des Lebens aufrecht erhalten können

IV. Sich pflegen können

V. Essen und Trinken können

VI. Ausscheiden können

VII. Sich kleiden können

VIII. Ruhen, schlafen, entspannen können

IX. Sich beschäftigen, lernen, sich entwickeln zu können

X. Die eigene Sexualität leben können

XI. Für eine sichere/fördernde Umgebung sorgen können

XII. Soziale Kontakte, Beziehungen und Bereiche sichern und gestalten können

XIII. Mit existentiellen Erfahrungen des Lebens umgehen können

Unter Punkt XIII versteht man Erfahrungen, wie Tod, Trauer, aber auch alle anderen Erfahrungen die dazu führen die Existenz zu fördern, zu belasten oder zu gefährden. Hierzu zählen zum Beispiel auch der Glaube, Freude, Angst, Verzweiflung, Freude und der Umgang mit eben diesen Erfahrungen. Dies bedeutet in einem praktischen Beispiel, dass der PB mit dem Tod eines geliebten Menschen umgehen kann oder auch mit der Freude über die Geburt eines Enkels.

In der heute meistens genutzten Pflegeplanung nach Krohwinkel werden also die zu verrichtenden Tätigkeiten entsprechend in diese Bereiche eingeteilt. Wenn Herr Müller also morgens sein Hörgerät bekommt, ist dies damit er kommunizieren kann, also in der Liste oben Punkt I.
Wenn er dann abends ins Bett gebracht wird, so fällt es unter Punkt XII. während das Bereitstellen eines Rollators oder anderer Gehhilfen sowohl unter II., IX. als auch unter XII. fallen kann, je nachdem wieso wir es in diesem Moment

machen. Falls jetzt die Frage aufkommt, wieso soziale Kontakte mit dem Rollator gesichert werden, hier die Erklärung: Wenn Herr Müller nicht in der Lage ist selber, ohne Hilfe in den Aufenthaltsraum zu kommen um vielleicht an einer Gruppen teilzunehmen oder auch einfach nur Gesprächspartner zu finden, kann er seine sozialen Kontakte nicht sichern und/oder gestalten.

Inhalte der Dokumentation
Eine Dokumentation ist in der Pflege heute absolut unverzichtbar. Auch wenn wir uns teilweise darüber ärgern werden, dass die Dokumentation, gerade bei außergewöhnlichen Geschehnissen einen sehr großen Zeitaufwand

bedeuten kann, so bietet sie uns Sicherheit, auch bei rechtlichen Streitigkeiten aber auch eine effektive Weitergabe von Informationen an andere in die Pflege einbezogene Personen (andere Pflegekräfte, Ärzte, Krankenhauspersonal). Die Pflegedokumentation sollte aus diesen und anderen Gründen daher umfassend, nachvollziehbar und systematisch erstellt werden. Hierbei ist die Art und Weise, wie die Dokumentation erfolgt abhängig von diversen Faktoren, wie zum Beispiel dem Pflegemodell nach dem gearbeitet wird. Somit gibt es auch keine festen Formulare, die in allen Einrichtungen gleich sind. Daher ist es ratsam sich in die jeweiligen Dokumentationen einzuarbeiten und einweisen zu lassen. Nur so kann eine ordnungsgemäße Durchführung sowohl der Pflege als auch der Dokumentation sichergestellt werden.

In der Dokumentation befinden sich in der Regel folgende Bereiche:

1. Die Informationssammlung bestehend aus

   1.1. **Erstgespräch** – entsprechend ob es sich um eine ambulante oder eine stationäre/teilstationäre Behandlung handelt, findet das Gespräch beim PB oder in der Einrichtung statt. Hierbei sind zumeist auch Angehörige anwesend und es wird die Hilfsbedürftigkeit bzw. die nötige Pflege festgestellt und besprochen, welche Hilfeleistungen nötig und/oder erwünscht sind. Auch individuelle Gewohnheiten des Patienten sollten innerhalb dieses Gespräches bereits erfasst werden.

1.2. **Stammdaten** – zu den Stammdaten gehören alle personenbezogenen Daten wie
  1.2.1. Name, Geburtsdatum, event. Adresse, Konfession etc.
  1.2.2. Versicherungsdaten
  1.2.3. bekannte Diagnosen, Allergien, Vorerkrankungen
  1.2.4. Besonderheiten bei der Nahrung (Schonkost, Vollkost, etc.)
  1.2.5. Ärzte, Fachärzte, sonstige Beteiligte an der Pflege und Behandlung
  1.2.6. Patientenvollmachten und -verfügungen
  1.2.7. Angeben zu Bezugspersonen wie Familienangehörigen, Ansprechpartner, Bevollmächtigte, Betreuer
  1.2.8. Bisherige Aufenthalte in anderen Pflegeeinrichtungen (Krankenhaus, andere Pflegeheime, Kur oder Reha, etc.)
  1.2.9. Ansprechpartner für Notfälle

1.3. **Vorgeschichte/Anamnese**
  1.3.1. Biografie, Gewohnheiten und Besonderheiten

1.3.2. Emotionale Verfassung
1.3.3. Wünsche, Sorgen und Bedürfnisse
1.3.4. Grad der Selbstversorgung
1.3.5. Information zu Gedächtnis, Orientierungsfähigkeit
1.3.6. Vitalfunktionen mit Bezug auf die Pflege, wie Puls, Atmung, Stoffwechsel, Schmerzen
1.3.7. Mobilität und ähnliches

1.4. **Erfassung der Ressourcen(Fähigkeiten), Bedürfnisse und Probleme**

Dieser Bereich muss so detailliert und so genau wie möglich erfasst werden, da sich hieraus die Ziele und die Planung der gesamten Pflege ergibt. Sie sollten bewertbar und objektiv sein. Äußerungen wie „fühlt sich sehr fit" oder „es geht ihm ganz gut" sind nicht hilfreich, da sie durch jeden anders bewertet werden können. Deutliche Aussagen sind daher unabdingbar

1.5. **Ziele der Pflege**

Anhand der unter Punkt 1.4 gesammelten Informationen werden die Ziele der Pflege festgelegt. Auch hier sind deutliche und unmissverständliche Beschreibungen notwendig. Hierzu zählen neben den körperlichen Zielen auch die Ziele, die zum Beispiel im Bereich des Verhaltens oder der Einstellung zu finden sind. Hier zu nennen wäre, wenn wir dafür Sorge tragen wollen, dass der PB sich damit „anfreunden" kann jetzt Pflegebedürftig zu sein.

1.6. **Planung**

Anhand der Ziele wird nun die Planung erstellt. Hierbei ist auf die Wünsche, Bedürfnisse, kulturellen Hintergründe des PB im höchstmöglichen Maß einzugehen. Der Patient hat hier das Recht auf Mitsprache und auch auf Ablehnung einzelner Maßnahmen. Die geplanten Maßnahmen werden dann als eine Art Anleitung formuliert, so dass sie für jeden nachvollziehbar sind. Hierbei helfen die „W-Fragen". Was, wann, wie oft, wo, wie und vor allem wer wird hierbei geplant. Diese Planung ist für das Pflegepersonal bindend und wird nur dann geändert oder nicht durchgeführt, wenn Gründe beim PB vorliegen. Eine solche Änderung muss dann im Pflegebericht dokumentiert werden.

1.7. **Leistungs- / Tätigkeitsnachweis**

Die erbrachten Leistungen müssen durch das Personal, welches sie erbracht hat per Handzeichen/Kürzel zu bestätigen, so dass nachvollziehbar ist, welche Pflegekraft diese durchgeführt hat.

1.8. **Pflegebricht**

Im Pflegebricht werden alle relavanten Angaben die im Zusammenhang mit der Pflege, aber auch dem Befinden des

Patienten stehen dokumentiert. Hierzu zählen die bereits genannten Gründe, wieso vielleicht an einem Tag eine bestimmte Tätigkeit nicht durchgeführt werden konnte, aber auch aktuelle Besonderheiten wie Schmerzen, Stürze, Ängste, etc. Diese Eintragungen müssen, wie bereits auch in den anderen Bereichen erwähnt, für alle nachvollziehbar und verständlich sein. Die Daten müssen objektiv, kurz aber präzise sein und sollten keinen Raum für subjektive Interpretationen bieten.

1.9. **Analyse/Auswertung**

Die Auswertung der Maßnahmen muss in regelmäßigen Abständen auch dann erfolgen, wenn man zunächst keinerlei augenscheinliche Veränderung beim Patienten feststellt. Ist eine solche Veränderung jedoch eingetreten bevor der Termin erreicht ist, wird sie früher vorgenommen. Anhand dieser Auswertung wird dann überprüft, ob die Maßnahmen weiter in bisheriger Form und Häufigkeit durchgeführt werden oder ob Änderungen an den Ressourcen, Zielen und/oder der Planung vorgenommen werden.

1.10. **Weitere Dokumentationen**

Neben den bisher genannten Dokumentationen sind weitere nötig, wenn dies der Zustand oder die individuelle Situation des Patienten erfordert. Beispiele für solche weiteren Dokumentationen sind:

1.10.1. Ärztliche Verordnungen/Anordnungen
Dies umfasst zum Beispiel die Medikamentengabe oder angeordnete Behandlungspflege wie Verbandwechsel. In der Behandlungspflege zählen hierzu die Angaben, was, wann, wie oft, wie, womit und durch wen (Qualifikation) gemacht werden muss

1.10.2. Überleitungsbögen
Wenn ein PB in eine andere Institution muss, also beispielsweise bei akuter Erkrankungins Krankenhaus muss, ist es wichtig das zeitnah die relevanten Daten dem dortigen Pflegepersonal und Ärzten zur Verfügung gestellt wird. Hierfür haben sich die sogenannten Überleitungsbögen bewährt, auf denen diese Daten eingetragen werden können. Dazu zählen unter anderem die Stammdaten des Patienten, die Pflegeanamnese und alle weiteren relevanten Punkte der Pflege.

Pflichten und Regelungen der Dokumentation

Natürlich muss eine Dokumentation entsprechende Anforderungen erfüllen, damit sie auch den Ansprüchen gerecht wird, die an sie als Nachweis, zum Beispiel für die Abrechnung mit der Pflegekasse oder im Streitfall, gestellt werden. Die wichtigsten Faktoren sollen an dieser Stelle in kürze vorgestellt werden.

Die Einträge müssen dokumentenecht gemacht werden, was heißt, dass nicht gestattet ist sie mit Bleistift oder anderen Stiften zu machen, die ausradiert werden können. Einmal geschriebenes muss dauerhaft bleiben. Daher ist auch die Benutzung von Tipp-Ex oder anderen Korrekturstiften/-bändern nicht erlaubt. Freizeilen sind ebenfalls verboten, da es so möglich wäre nachträglich Eintragungen vorzunehmen. Wenn es zu falschen Eintragungen kommt, so müssen diese so korrigiert werden, dass trotzdem der Text lesbar bleibt, also in der Regel einmalig durchgestrichen. Abschriften, zum Beispiel weil das Blatt verschmutzt oder geknickt ist sind ebenfalls nicht zulässig.

Alle Eintragungen müssen so vorgenommen werden, dass sie ohne Probleme zurück zu verfolgen sind. Sie müssen daher mit Namen oder Handzeichen sowie dem Datum der Eintragung versehen sein. Eine Liste mit dem Namen und dem klar zuzuordnenden Handzeichen muss vorhanden sein. In dieser Liste ist in der Regel auch die Qualifikation der Pflegekraft zu vermerken.

Die aktuelle Dokumentation (in der Regel der letzten drei Monate) muss beim Patienten bleiben, was in einer Einrichtung gewährleistet ist, wenn sie zum Beispiel auf der Station vorhanden ist. Im ambulanten Bereich muss sie beim Patienten verbleiben. Nur in Ausnahmefällen sollte sie beim Pflegedienst verbleiben, wenn die Gefahr besteht, dass sie beim Patienten verloren gehen könnte, da dieser zum Beispiel dement ist.

Geschieht die Pflege oder deren Dokumentation per EDV, so muss jeder Pflegekraft ein eigener Zugang mit Passwort bereitgestellt werden, anhand dessen die Einträge nach zu verfolgen sind. Die gesamte Dokumentation muss nach Ablauf des Kalenderjahres für weitere fünf Jahre beim Pflegedienst aufbewahrt werden.

Wie letztendlich dokumentiert wird, also welche Formulare genutzt werden oder ob eigene Formulare verwendet bzw. gestaltet werden ist dem Pflegedienst übrigens frei gestellt.

Anatomie, Physiologie und Pathologie

Begriffserklärung

Ehe es nun an den Aufbau, die Funktionen und die Erkrankungen des menschlichen Körpers geht, möchte ich zunächst kurz die entsprechenden Begriffe erklären. **Anatomie** ist die Lehre vom Aufbau der Körpers, also dessen Zusammensetzung aus einzelnen Bestandteilen, beginnend bei den Zellen und ihrem Aufbau bis hin zum gesamten Organismus

Bei der **Physiologie** geht es um die Lehre der gesunden, normalen Abläufe innerhalb des Menschen bzw. eines Lebewesens. Dies sind die Funktionen die sowohl in einer einzelnen Zelle stattfinden als auch im Zusammenspiel der Zellen, des Gewebes und der Organe bis hin zum gesamten Organismus. Die **Pathophysiologie** wiederum beschäftigt sich mit den Krankheiten und deren Abläufe innerhalb des Körpers, wiederum von der Zelle bis zum gesamten Organismus.

Von der Zelle zum Organismus

Immer wieder ist von Zelle, Gewebe, Organen und Organsystemen sowie dem Organismus die Rede. Da fragt man sich unweigerlich, wo denn die Unterschiede bzw. die Grenzen sind.

Der kleinste Baustein ist die *Zelle*, welche je nach Funktion innerhalb des Körpers unterschiedlich aufgebaut sein kann.

Im Gegensatz zu einzelligen Lebewesen haben die Zellen im menschlichen Körper ihre Eigenständigkeit sozusagen aufgegeben und sind auf das Zusammenspiel innerhalb des gesamten Organismus angewiesen. Kommt es zum Beispiel dazu, dass die Zelle durch eine Verletzung oder Erkrankung nicht mehr vom Rest des Körpers mit Nährstoffen und Sauerstoff versorgt wird, ist sie auf sich allein gestellt nicht überlebensfähig und sie stirbt ab.

Der nächstgrößere Baustein ist das **Gewebe**. Hier schließen sich einzelne Zellen mit gleicher Funktion zusammen. Entsprechend ihrer Funktion unterscheidet man im menschlichen Körper zwischen

- Deckgewebe/Epithelgewebe (z.B. die Haut)
  Es bedeckt die unterschiedlichen Oberflächen. Im inneren sind dies zum Beispiel die Schleimhäute, außen die Haut.
- Bindegewebe
  Das Bindegewebe verbindet sozusagen den Körper und hält ihn als Stützgewebe in Form. Zwischen dem Bindegewebszellen befindet sich die Zwischenzellensubstanz, welche zum Beispiel bei Knorpel formbar sein kann, während sie beim Knochen stabil ist.

- Muskelgewebe
  Im menschlichen Körper haben wir drei Formen der Muskulatur. Unterschieden wird hier in <u>quergestreifte Muskulatur</u>, die wir auch als Skeletmuskulatur bezeichnen. Sie ist das Gewebe, welches es uns ermöglicht uns zu bewegen, den Arm zu heben, etc. Im Vergleich der Muskulatur ist sie besonders Leistungsfähig jedoch verhältnismäßig gering ausdauernd. Die <u>glatte Muskulatur</u> findet sich zum Beispiel am Darm, der Speiseröhre etc. und sie ist sehr ausdauernd, dafür wenig Leistungsstark. <u>Herzmuskulatur</u>, die wie der Name schon sagt am Herzen und nur dort vor kommt ist die dritte Muskelart. Sie ist sowohl ausdauernd als auch sehr Leistungsstark
- Nervengewebe
  Diese Gewebe dient der Verarbeitung und Weiterleitung von Informationen innerhalb des Körpers. Die Zellen können so lange Fortsätze haben, dass sie auch über einen Meter lang werden können.

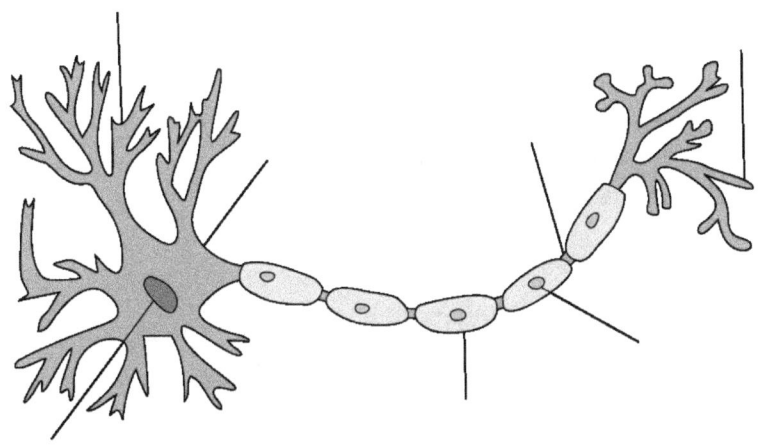

Schematische Abbildung Nervenzelle (Quelle: Wikipedia)

Finden sich verschiedene Gewebe zusammen um gemeinsam eine Arbeit zu verrichten, dann spricht man von Organen. Diese bestehen dann aus unterschiedlichen Gewebesorten die sich zusammensetzen, also Epithelgewebe als innere und/oder äußere Schutzschicht, Bindegewebe, Muskelgewebe das die Arbeit verrichtet und Nervengewebe, die die entsprechenden Informationen weiterleitet und so die Arbeit steuert. Die Zusammensetzung unterscheidet sich hierbei natürlich entsprechend der Funktion, die ein Organ hat.

Die nächst größere Einheit bilden dann die sogenannten Organsysteme, welche sich aus mehreren Organen zusammensetzt, die für die Erfüllung einer (oder mehrerer) Aufgaben zusammenarbeiten. Dazu gehören:

- Nervensystem
- Hormonsystem
- Herz-Kreislauf-System
- Atmungssystem
- Verdauungssystem
- Urogenitalsystem (nochmals Aufgeteilt in Geschlechtssystem und Harnsystem)
- Stütz- und Bewegungssystem (Skelett- und Muskulatursystem)
- Haut
- Immunsystem

In der Gesamtheit aller dieser Systeme und einzelnen Bausteine spricht man dann von einem Organismus.

Aufbau & Funktion der Zellen

Im folgenden Abschnitt werden der Aufbau und die Aufgaben der einzelnen Bestandteile einer Zelle grob beschrieben. Hierbei verzichte ich darauf, die einzelnen physiologischen Abläufe die dort stattfinden detailliert zu beschreiben, denn alleine damit kann man Bücher füllen.

In einem der von mir geleiteten Kurse kam mir die Idee, dass man eine Zelle am besten mit einem kleinen Gewerbegebiet vergleichen kann. Vielleicht hilft das auch hier, sich die Funktionen zu merken.

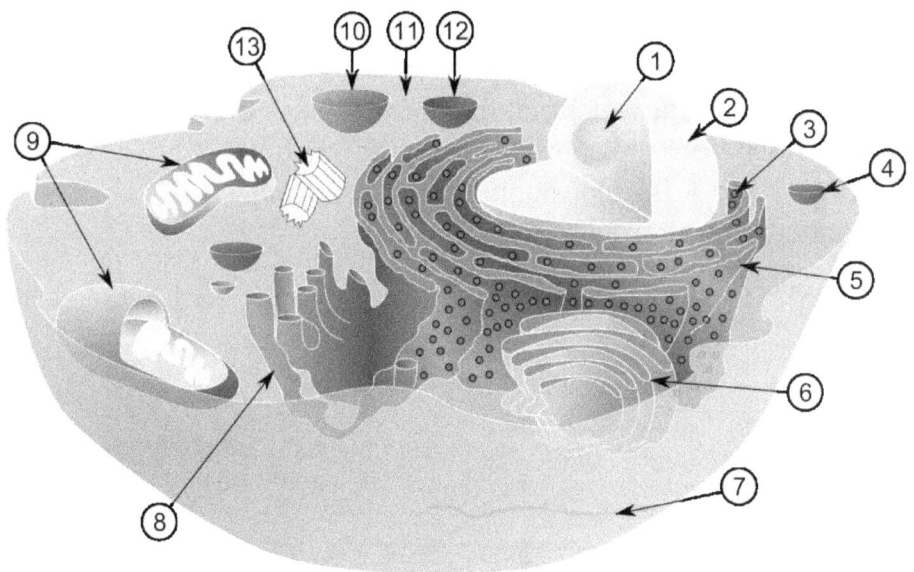

„Biological cell" von MesserWoland und Szczepan1990 - Eigenes Werk (Inkscape erstellt). Lizenziert unter Creative Commons Attribution-Share Alike 3.0 über Wikimedia Commons

Außen um die Zelle befindet sich die Zellmembran, welche sozusagen den äußeren Zaun des Gewerbegebiets darstellt. Dieses „Begrenzungssystem bietet in der Regel nur den Stoffen Zugang, welche benötigt werden. Nicht jeder darf wann er will das Gewerbegebiet betreten oder verlassen. Außen auf diesem Zaun sind Schilder angebracht, anhand dessen man erkennen kann wie das Gewerbegebiet heißt. An der Zelle nennt man dies die Antigene. Diese auf der Zelle liegende Strukturen machen es anderen Zellen möglich zu erkennen ob es sich um eine körpereigene oder eine fremde Zelle handelt. Wenn die Zelle eine sehr große Oberfläche haben soll, zum Beispiel damit sie viele Stoffe aufnehmen kann, so bedient sie sich eines Tricks. Sie bildet dann an der Zellmembran Ausstülpungen, welche dafür sorgen, dass die Oberfläche bei gleicher Zellgröße deutlich erhöht wird. Diese Ausstülpungen und Verwerfungen nennen sich Mikrovilli.

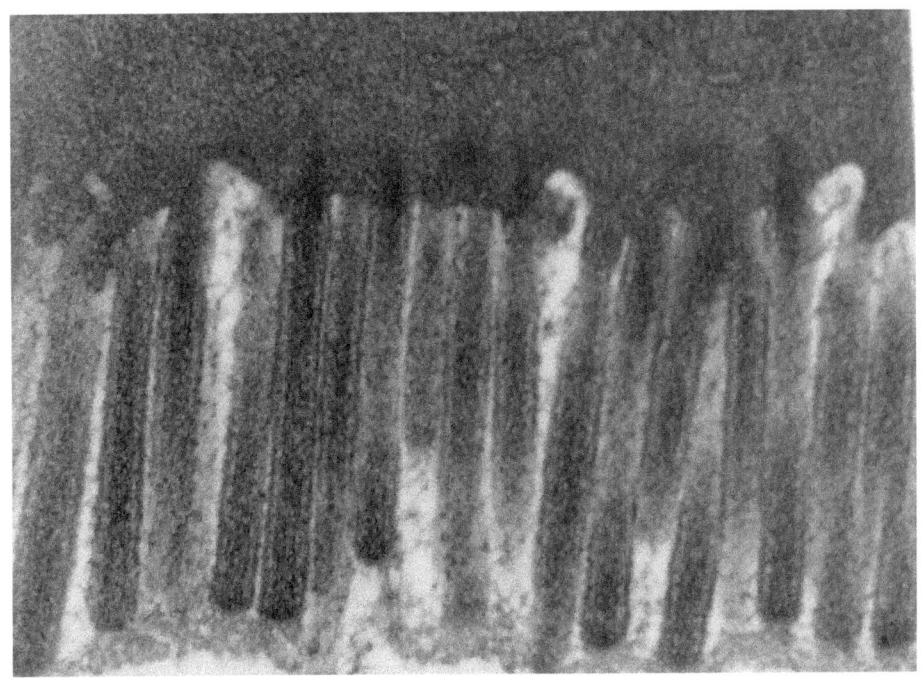

100 nm   2Microvilli   1/7/0 REMF

„Human jejunum microvilli 2 - TEM" von Louisa Howard, Katherine Connollly -
http://remf.dartmouth.edu/imagesindex.htmlhttp://remf.dartmouth.edu/images/humanMic
rovilliTEM/source/2.html. Lizenziert unter Public domain über Wikimedia Commons -
http://commons.wikimedia.org/wiki/File:Human_jejunum_microvilli_2_-
_TEM.jpg#mediaviewer/Datei:Human_jejunum_microvilli_2_-_TEM.jpg.

Im Zellinneren befindet sich der Zellkern , auch Nucleolus genannt (2), mit dem Kernkörperchen (1) die zusammen die Verwaltung und Zentrale darstellen. Hierin befindet sich auch die DNA, die hier auch repliziert, sprich bei Bedarf dupliziert wird.

Die Ribosome (3) sind die Produzenten von Proteinen, die auf dem rauhen Endoplasmatischen Retikulum (ER) (5) sitzen.

Letzteres dient hierbei auch zum Transport, hat jedoch viele weitere Aufgaben. Die Mitochondrien (9) sind sozusagen die Kraftwerke unseres Gewerbegebiets. Besonders viele finden sich daher in Zellen, die einen hohen Energiebedarf haben, wie zum Beispiel Muskelzellen. Der Golgi-Apparat (6) dient unter anderem der Produktion von Botenstoffen.

Der Raum zwischen diesen Organellen, so werden diese Bausteine der Zelle genannt, ist vom Zellplasma gefüllt. Dieses besteht zu 80% bis 85% aus Wasser.

Herz- Kreislaufsystem

Das Herz-Kreislaufsystem dient im Körper in erster Linie der Versorgung der Organe mit Sauerstoff, Nährstoffen und allen weiteren Stoffen, die für die Arbeit dort benötigt werden. Eine weitere, ebenso wichtige Aufgabe ist der Abtransport der Produkte und Abfallstoffe die in den Zellen beim Stoffwechsel entstehen bzw., produziert werden. Hierzu zählt zum Beispiel auch Kohlendioxid, welches zurück zur Lunge transportiert wird, damit es über die Atmung den Körper wieder verlassen kann. Auch Hormone und andere Botenstoffe werden über das Blut transportiert, Antikörper und andere Abwehrstoffe werden verteilt, aber auch die Wärmeregulierung funktioniert über dieses System.

Das Herz

Das Herz (Cor) stellt das Zentrum und den Antriebsmotor des Herz-Kreislaufsystems dar. Es liegt im Brustraum hinter dem Sternum (Brustbein) und seine Herzspitze liegt nach links gedreht, weshalb es etwas in den linken Brustkorb des PB ragt. Das normalgroße Herz ist etwa so groß wie die Faust des PB. Es ist ein Hohlmuskel, welcher das Herz zunächst in zwei Hälften teilt, der rechten und der linken Herzhälfte. Hierbei ist immer die Blickrichtung bzw. die Seite vom Patienten aus gemeint. Stehen wir dem Patienten also gegenüber vertauschen sich aus unserer Sicht die Seiten, was dazu führt, dass bei der Aufsicht auf die Zeichnung eines Herzens die rechte Herzhälfte links zu sehen ist. Die beiden Herzhälften werden sind dann wiederum unterteilt in je einen Vorhof (=Atrium) und eine Kammer (=Ventrikel), so dass wir vier Räume innerhalb des Herzens haben.

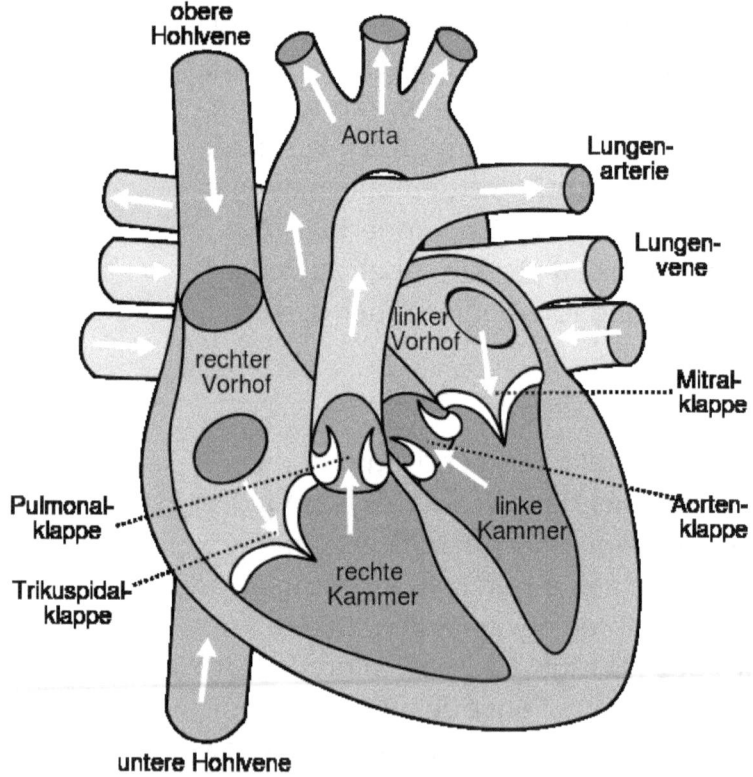

„Diagram of the human heart (cropped) de" von Jakov - own work created in Inkscape, based on image by Yaddah. Lizenziert unter Creative Commons Attribution-Share Alike 3.0-2.5-2.0-1.0 über Wikimedia Commons - http://commons.wikimedia.org/wiki/File:Diagram_of_the_human_heart_(cropped)_de.svg #mediaviewer/Datei:Diagram_of_the_human_heart_(cropped)_de.svg.

Vorhof und Kammer werden durch sogenannte Segelklappen getrennt. Diese bestehen auf der rechten Seite aus drei Zipfeln (Cuspis), weshalb man hier von der Trikuspidalklappe spricht (von Tri für drei). In der Linken Hälfte besteht diese Klappe aus zwei solcher Zipfel und erinnert hierdurch an die Mitra, dem Bischofshut, weshalb man sie als Mitralklappe bezeichnet. Am Ausgang des Herzens an den Kammern befinden sich sogenannte Taschenklappen. Ihr Name richtet sich danach wohin sie führen. In der rechten Hälfte ist die die Lunge (Pulmo), daher Pulmonalklappe. Links ist es die Aortenklappe, da sie in die Aorta mündet.

Die Klappen funktionieren wie Ventile und sorgen dafür, dass das Blut bei der Kontraktion (Zusammenziehen) des Herzens nur in eine Richtung das Herz verlassen kann und nicht in die falsche Richtung gepresst wird. Auch verhindern sie den Rückfluss des Blutes in das Herz während der Diastole, also der Erschlaffungsphase des Herzens.

Das Herz selber steuert sich weitestgehend selber durch den Sinusknoten (1) und den AV-Knoten (2). Der Sinusknoten liegt oben am rechten Vorhof, neben dem Eingang der oberen Hohlvene ins Herz. Er gibt das Signal an den AV-Knoten, der zwischen Vorhof und Kammer (Atrium und Ventrikel, daher AV-Knoten) der rechten Herzhälfte liegt. Von dort aus geht der Impuls weiter über das Reizweiterleitungssystem, über das HIS-Bündel (3) und verzweigt sich mehr und mehr über Tawara-Schenkel (4) und Purkinjefasern (5). Letztendlich wird so jede einzelne Muskelzelle zu einem ganz bestimmten Zeitpunkt angeregt und eine Kontraktion des Herzens ermöglicht. Zwischen den einzelnen Kontraktionen entspannt sich der Herzmuskel wieder und hat so die Möglichkeit sich wieder mit Blut zu füllen, welches dann bei der nächsten Kontraktion wieder heraus gepumpt wird.

Die Phase des Zusammenziehens und Auswurf des Blutes nennt sich **Systole**. (Anspannungs- und Aistreibungsphase)

Die Entspannungs- und Füllphase nennt sich **Diastole**.

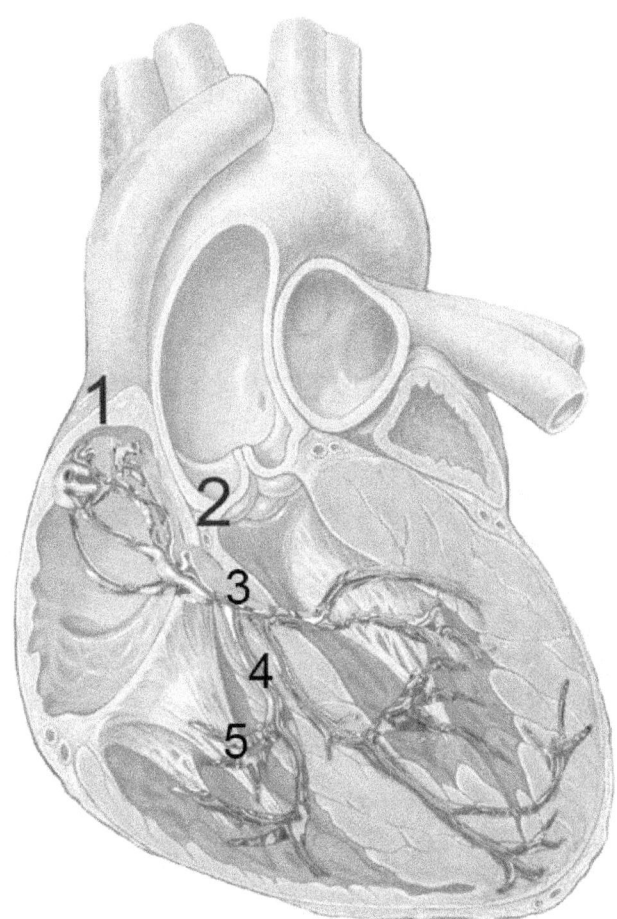

„Reizleitungssystem 1" von J. Heuser - self made, based upon Image:Heart anterior view coronal section.jpg by Patrick J. Lynch (Patrick J. Lynch; illustrator; C. Carl Jaffe; MD; cardiologist Yale University Center for Advanced Instructional Media). Lizenziert unter Creative Commons Attribution 2.5

Der Kreislauf - Arterien und Venen
Arterien und Venen bilden das Gefäßsystem, durch welches das Blut fließt.
Ausgehend von der linken Kammer kommt zunächst die Aorta, die größte Arterie. Sie verläuft im Bogen (Aortenbogen) von dem aus

bereits die ersten Arterien abgehen, die unter anderem für die Versorgung der oberen Extremitäten sowie des Kopfes zuständig sind. Die Aorta verzweigt sich immer mehr und mehr in kleiner werdende Arterien, hierbei werden sie immer dünner und feiner. Diese nennen sich dann Arteriolen, die dann wiederum in die feinsten Gefäße unseres Körpers übergehen, die Kapillare. Diese sind teilweise so dünn, dass die roten Blutkörperchen sich regelrecht durch diese durchquetschen müssen. Aus den Kapillaren können dann die Zellen Nährstoffe, Sauerstoff, etc. entnehmen und Abfallprodukte wie Kohlendioxid an diese abgeben. Die Kapillare gehen dann wieder über in immer dicker werdende Gefäße. Dies feinsten hiervon nennen sich Venolen, dann geht es über in die Venen die letztendlich in die Hohlvene münden. Die Venen die von oberhalb des Herzens kommen enden dabei in der oberen Hohlvene, die von unten kommenden in der unteren Hohlvene. Diese führen dann wiederum in den rechten Vorhof. Dieser Kreislauf, also von der linken Herzhälfte, durch den Körper und zurück zur rechten Herzhälfte nennt man auch den großen oder Körperkreislauf.

Der zweite Kreislauf führt von der rechten Kammer, durch die Lungenarterie, welche sich dann ebenfalls bis in die Kapillaren verzweigt zu den Lungenbläschen. Dort wird das Kohlendioxid an die Lunge abgegeben und Sauerstoff aufgenommen. Dann geht es über die Lungenvene zurück zum linken Vorhof, dann in die linke Kammer und der gesamte Kreislauf beginnt von vorne.

Wenn wir also den Weg eines roten Blutkörperchens beobachten würden, beginnend in der linken Kammer, so würde er wie folgt aussehen:

1. Linke Kammer
2. Aortenklappe
3. Aortenbogen
4. Aorta
5. Arterien
6. Arteriolen
7. **Kapillare**
8. Venolen
9. Venen
10. Obere bzw. untere Hohlvene
11. Rechter Vorhof
12. Trikuspidalklappe
13. Rechte Kammer
14. Pulmonalklappe
15. Lungenarterie
16. **Kapillare in der Lunge**
17. Lungenvene
18. Linker Vorhof
19. Mitralklappe

Dann kommt das rote Blutkörperchen wieder in die linke Kammer und beginnt seine Reise von vorne.
In der Reihenfolge 1-6 und 17-19 ist der Teil des Kreislaufs, in dem das Blut sauerstoffreich ist, 8 bis 15 bedeutet sauerstoffarmes Blut.

Venen führen immer zum Herzen hin, Arterien vom Herzen weg.

Bei sauerstoffreichem Blut spricht man von arteriellem Blut, bei sauerstoffarmen von venösem Blut. Diese beiden Bezeichnungen sagen jedoch nichts darüber aus, ob sich dieses Blut in Venen oder Arterien befindet. So befindet sich zum Beispiel in der Lungenvene arterielles Blut, da es ja in der Lunge gerade mit Sauerstoff angereichert wurde und nun zum Herz zurück fließt.

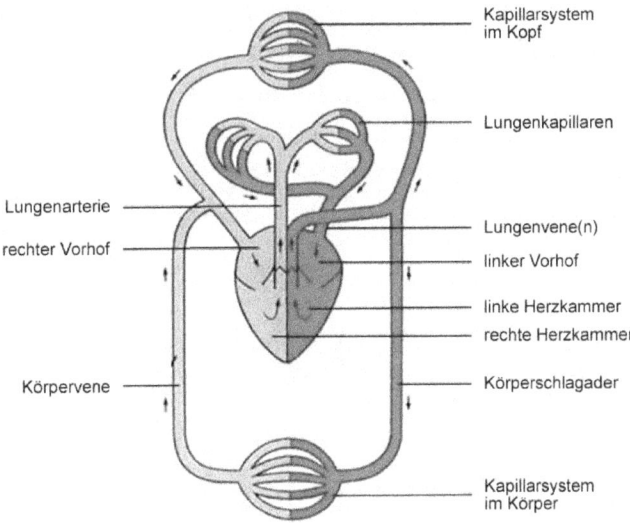

"A-kreislauf01" by Jörg Rittmeister - Own work. Licensed under Creative Commons Attribution-Share Alike 3.0 via Wikimedia Commons - http://commons.wikimedia.org/wiki/File:A-kreislauf01.jpg#mediaviewer/File:A-kreislauf01.jpg

Der Aufbau von Venen und Arterien unterscheidet sich in erster Linie durch die Dicke der Muskelschicht aus der sie bestehen. Während

Arterien, da sie mehr Druck aushalten müssen dickere Wände haben, sind Venen dünnwandiger. Dafür sind Venen unterhalb des Herzens mit sogenannten Venenklappen ausgestattet, die dafür sorgen, dass das Blut nicht wieder in die Beine absacken kann. Sie wirken ähnlich wie die Herzklappen wie ein Ventil. Hinzu kommt, dass durch die Bewegung der Muskulatur um die Venen, diese zusammengepresst werden und dann das Blut so wieder in Richtung des Herzens gedrückt wird, da es ja in die andere Richtung nicht fließen kann. Gleiches passiert, wenn sich nah an den Venen gelegene Arterien durch den Blutauswurf am Herzen ausdehnen (was man auch als Puls spürt) und ebenfalls die Venen zusammendrücken. Diese Funktionen unterstützen den Kreislauf, da es sonst nicht möglich wäre das Blut wieder zum Herzen zurück zu bekommen.

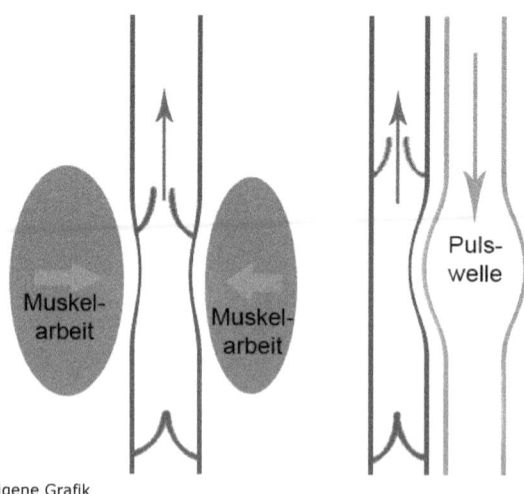

eigene Grafik

Das Blut

Die Hauptaufgaben des Blutes sind die Verteilung von Sauerstoff, Nährstoffen und anderen für die Funktion nötige Stoffe (Hormone, Mineralien, Vitamine, etc.), aber auch der Abtransport der beim Stoffwechsel entstandenen Produkte wie Kohlendioxid etc.

Des Weiteren ist das Blut auch verantwortlich für die Abwehrfunktionen des Körpers, indem es die Antikörper verteilt. Weitere Aufgaben sind die Wärmeregulierung, der Verschluss von Wunden und Verletzungen, sowie eine Pufferfunktion zur Erhaltung gleichbleibender PH-Werte, Flüssigkeitsmengen, etc.

Der Hauptbestandteil des Blutes ist das Blutplasma, das ca. 55% der Menge ausmacht. Es besteht wiederum zu rund 90% aus Wasser, die restlichen 10% machen zum Großteil Proteine und daneben Mineralien, Nährstoffe, Elektrolyte, Abbauprodukte und Hormone aus.

Die festen Bestandteile setzen sich zusammen aus:

- Erythrozyten (rote Blutkörperchen) die für den Sauerstofftransport zuständig sind.
- Leukozyten (weiße Blutkörperchen) die als Abwehrzellen dienen. Umgangssprachlich auch schon mal als Polizei des Körpers bezeichnet.

- Thrombozyten (Blutplättchen) die für die Gerinnung des Blutes mit verantwortlich sind.

Das Blut ist in sogenannte Blutgruppen eingeteilt, die sich an den Antigenen (siehe Zelle) der Erythrozyten ausmachen lassen. Der Körper erkennt seine eigene Blutgruppe mit dem entsprechenden Antigen und wird diese nicht angreifen. Fremde Antigene jedoch kennt er nicht und greift diese dann an.

Um es sich besser vorstellen zu können, möchte ich das ganz einfach an Formen erklären, die auf den Blutkörperchen sitzen. Wir kennen vier Blutgruppen, die aufgeteilt sind in A, B, AB und 0

Nehmen wir an, auf Blutgruppe A sind Kreise angebracht, auf Blutgruppe B Vierecke, dann sind auf Blutgruppe AB sowohl Vierecke als auch Kreise. Blutgruppe 0 hingegen hat keine Formen auf seinen Blutkörperchen.

Der Körper des PB mit Blutgruppe A, kennt also die Kreise, nicht aber die Vierecke. Würden nun Blutkörperchen mit Vierecken eindringen (oder mit einer Blutkonserve transfundiert werden), so würde er diese direkt angreifen.

Auch Blut der Gruppe AB kann er nicht bekommen. Den Kreis kennt er zwar, aber nicht das Viereck, das ja ebenfalls zu finden ist. Also greift er es wieder an.

Die Blutgruppe 0 kann er (wie jeder andere auch) bekommen, denn es hat weder Kreise noch Vierecke.

Bei Blutgruppe B ist das hier genannte Beispiel genau anders herum, er kennt Vierecke aber keine Kreise, würde also sowohl A als auch AB angreifen.

Die Blutgruppe AB ist in der glücklichen Lage sowohl A als auch B zu kennen, also Kreise und Vierecke, weshalb sie von jedem Blut bekommen können. Natürlich auch von 0, denn dort ist ja keine Form.

PB mit Blutgruppe 0 können nur 0 bekommen, da sie weder Kreise noch Vierecke kennen und somit sowohl gegen A und B, als auch dann erst recht bei AB Antikörper auf das Blut loslassen würden.

Ein weiterer Unterscheidungsfaktor ist der Rhesusfaktor. Ca. 86% der Bevölkerung haben ihn, sie sind rhesus-positiv, der Rest hat in nicht und wird daher als rhesus-negativ bezeichnet. Bei der Blutübertragung ist es hier etwas verwirrender.

Negativ kann an jeden (entsprechend obiger Liste) Blut spenden, denn es ist kein Faktor im Blut, also gibt es keine Probleme. Positive hingegen können nur an ebenfalls positive spenden, da negative gegen den Rhesusfaktor Antikörper bilden würden. Theoretisch kann im absoluten Notfall ein Positiver jedoch trotzdem einmalig an einem Negativen spenden, da hier erst Antikörper gebildet werden, nachdem zum ersten Mal Kontakt mit dem Rhesusfaktor bestanden hat. Somit käme es erst bei einer zweiten Transfusion zu Problemen. Diese Problematik macht sich dann bemerkbar, wenn eine Frau mit Rhesusfaktor negativ ein Rhesusfaktor positives Kind bekommt. Bei der ersten Schwangerschaft gibt es keine Probleme. Bei der Geburt jedoch kann es zur Vermischung des Bluts von Mutter und Kind kommen und der mütterliche Organismus würde nun Antikörper bilden, die bei einer zweiten Schwangerschaft zu Problemen führen können, wenn dieses Kind dann wieder rhesus-positiv ist. Daher wird in einem solchen Fall nach der ersten Geburt medikamentös gegen die Bildung der Antikörper vorgegangen.

Bestimmung und Auswertung von Puls und Blutdruck
Die Bestimmung sowohl des Puls als auch des Blutdrucks bedarf einer ausreichenden und stetigen Übung. Hier reicht es bei weitem nicht aus sich dieses oder ein anderes Buch zu nehmen und „mal was darüber zu lesen", sondern hier muss praktisch und vor allem viel geübt werden. Nur so lassen sich Fehler vermeiden, die unter Umständen gravierende Folgen haben können. Stellen sie sich vor, sie bestimmen den Blutdruck der in normalen Werten liegt als zu hoch und es

werden dann Blutdrucksenkende Maßnahmen (z.B. Medikamente) ergriffen. Ist man sich nicht 100% sicher, so bittet man am besten eine andere Pflegekraft, den Wert nochmal zu überprüfen.

Die Pulskontrolle wird in der Regel am Handgelenk des Patienten durchgeführt und Bedarf einiger Übung. Gerade bei Patienten mit schwachem Puls kann es eine Herausforderung sein diesen zu ertasten. Auch sollte man sicher sein, dass man den Puls des PB fühlt und nicht den eigenen, weil man z.B. aufgeregt/nervös ist oder gerade selber eine körperlich anstrengende Tätigkeit vorgenommen hat. Um sicher zu sein, empfiehlt es sich daher im geringsten Zweifelsfall gleichzeitig seinen eigenen Puls an der Carotis (Halsschlagader neben dem Kehlkopf) mit der anderen Hand zu ertasten um zu vergleichen.

Die Messung erfolgt immer in Ruhe, das heißt, der PB sollte ca. 15 Minuten vorher nichts Anstrengendes unternommen haben. Daher wird oftmals der Puls (zusammen mit dem Blutdruck) nach dem Wecken gemessen.

Bei der ersten Messung bei neuen Patienten sollte immer eine Minute lang der Puls ertastet werden und die Pulswellen gezählt werden. Hierdurch ist es möglich etwaige Rhythmusstörungen zu erkennen. Bei wiederholten Messungen, also zum Beispiel jeweils morgens reicht es dann aus 15

Sekunden zu messen und den Wert mit 4 zu multiplizieren.

Die Normwerte des Puls liegen zwischen 60 und 80 Schlägen pro Minute. Es kann aber auch sein, dass man einmal auf Werte trifft, die unter 60 liegen und trotzdem kein Zeichen einer Krankheit sind, solange der Patient sich wohl fühlt. Bei Ausdauersportlern (z.B. Radprofis) werden nicht selten Ruhewerte von 30 bis 40 gemessen.

Die Blutdruckkontrolle sollte soweit möglich immer unter gleichen Bedingungen stattfinden, sprich immer am selben Arm, zur gleichen Zeit und in selber Position, also liegend oder sitzend. Außerdem sollte der Patient zuvor keine anstrengenden Tätigkeiten gemacht haben und die Messung in Ruhe stattfinden. Der Patient sollte also auf keinen Fall vorher 5 Etagen die Treppe hochgelaufen sein.

Die Messung sollte wie folgt ablaufen.

- Oberarm nach Möglichkeit frei machen, Manschette eng anlegen und das Rädchen am Manometer schließen.
- Pumpe mit Manometer ist in der rechten Hand, die linke Hand ertastet den Puls des Handgelenks des Patienten
- Manschette aufpumpen, bis der Puls nicht mehr zu spüren ist. Dann maximal ein oder zwei Mal zusätzlich pumpen. Wildes drauf los pumpen bis zu Werten von 200 mmHg

sind zu vermeiden, da sie auch für den Patienten unangenehm oder sogar schmerzhaft sind.
- Stethoskopkopf in die Ellenbeuge legen und das Rädchen zum Druckablass langsam öffnen.
- Während der Druck sinkt, hört man plötzlich das Blut durch die durch den Druck verengten Arterien pumpen.
- >Der auf dem Manometer angezeigte Wert beim ersten Geräusch (Korotkoff-Geräusche) ist der systolische Druck
- Nach einiger Zeit und weiterem Druckablass hört man plötzlich kein Geräusch mehr. Der Wert beim letzten Geräusch ist der diastolische Druck

Die Werte werden entsprechend notiert, in der Form
syst. Druck / diast. Druck mmHg
also zum Beispiel 120/80 mmHg

Die Bezeichnung für den Blutdruck wird oft auch RR abgekürzt, was als Kürzel für den Erfinder dieser Art der Messung Scipione Riva-Rocci steht. Die Einheit mm HG steht für Millimeter Quecksilbersäule, da der Druck darin gemessen wird, wie viele Millimeter Quecksilber in einem Röhrchen entlang einer Messleiste durch den Druck hoch gedrückt wird.

Die folgende Tabelle zeigt die Einteilung der Blutdruckwerte nach WHO.

Bewertung	Syst. Druck	Diast. Druck
Optimal	<120	<80
Normal	<130	<90
Hochnormal	130-139	85-89
Hypertonie Grad 1	140-159	90-99
Hypertonie Grad 2	160-179	100-109
Hypertonie Grad 3	>=180	>=110

Einteilung der Blutdruckwerte nach WHO

Eine Tabelle für zu niedrigen Blutdruck gibt es nicht. Die Hypotonie wird international eher als harmlos betrachtet und sogar als „German Disease" also Deutsche Krankheit bezeichnet. Die WHO hat daher nur zwei Werte hierzu veröffentlicht, wonach man bei Männern unter 110 mmHg systolisch und bei Frauen unter 100 mmHg systolisch von Hypotonie spricht.

Im Gegensatz zur Hypertonie besteht in der Regel bei Hypotonie kein Handlungsbedarf, wenn der Patient beschwerdefrei ist.

Es ist unbedingt zu beachten, dass der Blutdruck auch durch andere Faktoren steigen kann. Hierzu seien als Beispiele genannt der Stuhl- oder

Harndrang sowie psychische und physische Belastung, wie Ängste oder Schmerzen.

Erkrankungen des Herz-Kreislaufsystems

Um sich die Erkrankungen des Herz-Kreislaufsystems am einfachsten vorstellen zu können, hilft es sich das ganze Gefäßsystem wie das Rohrleitungssystem in einem Haus zu betrachten. Ähnlich wie auch dort kann es sowohl in der Zuleitung als auch in der Ableitung zu Ablagerungen kommen, die eine ordnungsgemäße Funktion negativ beeinflussen. Einige dieser Störungen hängen einfach mit dem zunehmenden Alter zusammen, andere werden regelrecht provoziert. Über die unterschiedlichen Störungen geht es in dem nun folgenden Teil, in dem die wichtigsten aufgeführt und erklärt werden.

Für alle diese Erkrankungen gibt es einige gemeinsame Risikofaktoren, die hier zunächst aufgeführt werden und nicht bei jeder dieser Erkrankungen nochmals einzeln benannt werden. Zu diesen Risikofaktoren gehören:

- Diabetes
- Bluthochdruck
- Rauchen
- Übermäßiger Alkoholkonsum
- Mangelnde Bewegung
- Schlechte Ernährung / hohe Blutfettwerte

Arteriosklerose
Von einer Arteriosklerose spricht man, wenn es zu Ablagerungen von Fetten, Thromben oder auch Kalk in den Gefäßen, zu Beispiel den Arterien der Beine, aber auch natürlich in anderen Gefäßen kommt und hierdurch in der Folge irgendwann die Durchblutung nicht mehr ausreichend ist. In den Beinen ist diese Erkrankung dann auch als Schaufensterkrankheit bekannt. Hierbei sind die Gefäße in den Beinen durch Ablagerungen verengt und es kommt bei Spaziergängen dazu, dass die Durchblutung nicht ausreichend ist um den höheren Bedarf an Nährstoffen, Mineralien und Sauerstoff in den Beinen sicher zu stellen. Nach einer gewissen Strecke stellen sich daher Krämpfe und Schmerzen ein, die den Patienten dazu zwingen eine Pause einzulegen. Da dies dann zur Tarnung oftmals von den Betroffenen vor einem Schaufenster gemacht wurde, ergab sich der Name.

Arteriosklerose stellt hierbei kein direktes Krankheitsbild dar, sondern ist eher als Sammelbegriff anzusehen unter den diese Erkrankungen fallen. Die häufigste hierbei ist die Atherosklerose, die somit als Erkrankung in die Gruppe der Arteriosklerose fällt. In der Praxis ist allerdings mittlerweile die Trennung dieser Begriffe und der einzelnen Erkrankungen dieser Gruppe verschwommen, so dass oft nur noch der eigentliche Überbegriff, also Arteriosklerose genutzt wird. Während unter Umständen eine Arteriosklerose für den Patienten zunächst sogar absolut unbemerkt und ohne Symptome auftreten kann, sind die möglichen Folgen weitaus gravierender. Es können hierdurch die in der Folge noch beschriebenen Herzinfarkt, Schlaganfall, Embolien aber auch Organschädigungen wie Niereninsuffizienz auftreten.

Neben der ärztlichen Therapie wie der Gabe von Medikamenten (z.B. ASS), der Dehnung von Gefäßen und eventuell dem Setzen von Stents sowie der Bypassoperation zum Beispiel am Herz oder in den Beinen spielt auch die Therapie durch das Pflegepersonal eine entscheidende Rolle. Durch die Pflegekraft muss versucht werden mangelnde Bewegung zu vermeiden. Auch wenn es vielleicht etwas länger Dauert bis die PB dann ankommt, ist es auch in Bezug auf diese Erkrankung immer noch besser sie läuft selber als im Rollstuhl gefahren zu werden. Außerdem zählen eine gesunde Ernährung und natürlich die Aufforderung vom Arzt verordnete Medikamente regelmäßig einzunehmen hierzu.

Thrombose & Embolie
Eine Thrombose bezeichnet ein Blutgerinnsel innerhalb der Gefäße auf Grund verschiedener Ursachen. Sie kann zum Beispiel durch Schädigungen der Blutgefäße entstehen, an denen sich dann die Blutplättchen

(Thrombozyten) vermehrt anheften und somit das Gefäße mit und mit verstopfen. Eine Thrombose bildet sich also immer an dem Ort, an dem sie auch dann die Schädigung oder Störung der Durchblutung hervorruft. Im Gegensatz dazu ist ein Embolus ein gebildetes Gerinnsel, welches sich von der Gefäßwand abgelöst hat und mit dem Blut weggespült wird, ehe es dann in enger werdenden Gefäßen hängen bleibt und diese dann verstopft, also eine Embolie hervor ruft. Daher auch der oft genutzte Merksatz:

Ein Thrombus wird zum Embolus, wenn er auf die Reise muss!

Auch wenn die Beinvenenthrombose die häufigste Thrombose ist, bedeutet dies, dass Thrombosen nicht zwingend in den Venen zu finden sind. Auch in Arterien kann es Thrombosen geben, wenngleich die Häufigkeit deutlich geringer ist.

Das gleiche gilt umgekehrt entsprechend für die Embolie.

Gefährlich sind Thrombosen in den Venen dadurch, dass sie sich lösen können und dann als Embolus zum Herzen schwimmen, da in diese Richtung das Gefäß weiter wird. Sind sie durch das Herz hindurch, kommen sie in die enger werdenden Arterien der Lunge, bleiben dort hängen und verursachen die sogenannte Lungenembolie.

Arterielle Thrombosen die sich lösen und dann die enger werdenden Arterien verstopfen, verhindern hierdurch die Versorgung der entsprechenden Organe. Hierbei spricht man von einem Infarkt, der entsprechend des Ortes bezeichnet wird, zum Beispiel als Herzinfarkt, Hirninfarkt (Schlaganfall=Apoplex) oder auch Mesenterialinfarkt (Mesenterium= das den Darm versorgende Gewebe). Das nicht mehr versorgte Gewebe stirbt in der Folge ab.

Wie erkenne ich eine Thrombose?
Entsprechend ob die Thrombose in einer Vene oder Arterie betrifft sind die Anzeichen unterschiedlich. Am Beispiel einer Thrombose im Bein möchte ich dies verdeutlichen.

Ist die Arterie verstopft, so kommt kein Blut mehr in den dahinter liegenden Bereich. Dieser wird hierdurch blass und kalt.

Ist eine Vene verstopft, so kommt noch Blut in das Bein, aber nicht mehr dort weg. Der Bereich unterhalb des Thrombus ist rot und warm bis heiß und es kommt auch zu Schwellungen.

Beim plötzlichen Verschluss einer Arterie oder Vene kommt es in der Regel zu spontanem, starken Schmerz in dem betroffenen Bereich, da die Blutversorgung schlagartig gestört ist.

Auf Grund der eben beschriebenen hohen Gefahr einer Lungenembolie bei einer Venenthrombose, ist absolute Ruhe beim Patienten zwingend erforderlich! Der PB sollte auf keinen Fall selber laufen, da die Vibrationen hierbei zum Ablösen des Thrombus führen könnten, was in der Folge eine Lungenembolie verursachen kann.

Ebenso sollte es natürlich zwingend vermieden werden solche Stellen zu massieren oder anderweitige physikalische Maßnahmen zu ergreifen, die den Thrombus lösen könnten.

Herzrhythmusstörungen
Herzrhythmusstörungen können hier in Ihrer gesamten Breite und Vielfältigkeit natürlich nicht besprochen werden, da dies alleine ganze Bücher füllen würde.

Einige Hinweise sollen hier aber trotzdem aufgeführt werden.

Nicht jede Extrasystole oder jedes „stolpern" des Herzens sind direkt krankhafte Störungen des Herzrhythmus. Vielmehr ist es durchweg normal, dass ein Herz einmal einen Extraschlag zwischen den normalen Schlägen einlegt oder einen Herzschlag überspringt. Erst wenn es zur Häufung solcher Extrasystolen oder solcher Aussetzern kommt, ist eine Untersuchung durch einen Arzt zwingend erforderlich.

Gefährlich werden Herzrhythmusstörungen natürlich vor allem dann, wenn sie einen Kreislaufstillstand oder einen nicht mehr ausreichenden Kreislauf verursachen. Hierbei ist zu wissen, dass der Kreislauf durchweg still stehen kann, obwohl am Herzen noch eine Tätigkeit stattfindet. Hierzu zählt zum Beispiel die pulslose Kammer-Tachykardie (Tachykardie=zu schnelles Schlagen des Herzens) bei denen das Herz so schnell schlägt, dass es zwischen den einzelnen Schlägen keine Zeit hat sich neu mit Blut zu füllen. Da es sich nicht füllen kann, kann es auch kein Blut auswerfen. Somit Schlägt das Herz zwar noch, aber es ist kein Kreislauf, also Fließen des Blutes, vorhanden.

Weitere Rhythmusstörungen sind das Kammerflattern und Kammerflimmern. Hierbei spricht man bei Frequenzen von über 150 (Kammerflattern) bzw. 320 (Kammerflimmern). Diese Einteilung ist aber absolut willkürlich. In manchen Büchern wird ab 250 von Kammerflattern gesprochen, andere Autoren lassen Kammerflattern ganz fallen und sprechen ab 250 bereits von Kammerflimmern.

Die Gefahr bleibt aber letztendlich die Gleiche: Eine Aktivität am Herzen, welche keinen Auswurf mehr erzeugt und somit einen Kreislaufstillstand zur Folge hat.

In diesen Fällen hilft nur ein gezielter Stromstoß, die sogenannte Defibrillation, die wir ja aus den „guten Arztserien" kennen. Ein weitverbreiteter Irrtum ist jedoch, dass die Defibrillation eine Art „Starthilfe" für das Herz ist. Wenn keine Aktivität mehr am Herzen vorhanden ist (Asystolie, Nulllinie auf dem EKG) macht die Defibrillation keinen Sinn.

In der Reanimation (besonders der Laien-Reanimation z.B. durch Ersthelfer) findet daher mehr und mehr der „**a**utomatisierten **e**xternen **D**efibrillator" (AED) Anwendung. Diese Geräte stehen mittlerweile an immer mehr Orten zur Verfügung und sollten beim Auffinden einer bewusstlosen Person ohne Atmung immer genutzt werden, wenn sie greifbar sind. Sie erkennen selbständig, ob es sich um eine Rhythmusstörung handelt, bei der ein Stromstoß indiziert ist oder nicht und geben diesen nur frei, falls es sinnvoll ist. In allen anderen Fällen wird das Gerät den Stromstoß nicht ermöglichen. Die Geräte sind extrem einfach in der Bedienung, da sie zumeist nur mit zwei Knöpfen bedient werden, welche leicht erkennbar sind. Der eine schaltet das Gerät ein, der andere gibt, falls erforderlich, den Stromstoß ab.

In der Regel werden alle Teilnehmer eines Erste-Hilfe-Kurses heute auf solche Geräte geschult und eingewiesen. Ich selber lasse in den Kursen die ich durchführe in der Regel einen der Teilnehmer das Gerät ausprobieren um damit zu zeigen, wie einfach und sicher die Benutzung ist .Erst im Anschluss weise ich dann in die genaueren Besonderheiten der Nutzung ein.

Erkennungszeichen für einen AED-Standort

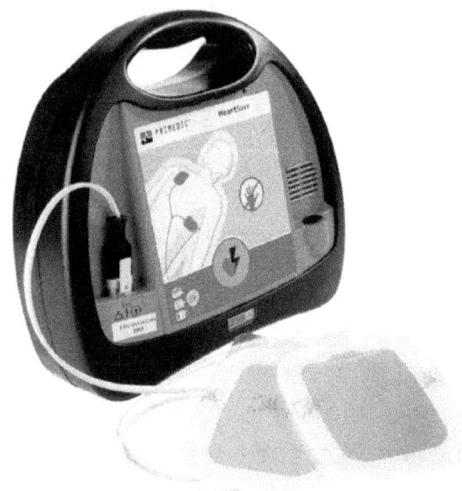

„Semi automatic defi with electrodes" von Hborkyb - Primedic.
Lizenziert unter Creative Commons Attribution-Share Alike 2.5 über
Wikimedia Commons

Eine Herzrhythmusstörung die im Bereich der Altenpflege öfters auftaucht, da es die häufigste tachykarde Herzrhythmusstörung ist, ist das sogenannte Vorhofflimmern. Hierbei arbeitet der Vorhof nicht ordnungsgemäß und es kommt zu Verwirbelungen im Vorhof, die wiederum zu Ablagerungen dort führen können. Wenn sich diese dann lösen, kommt es zu Embolien, wie z.B. Schlaganfällen.

Das Vorhofflimmern wird in 3 Arten eingeteilt, die abhängig sind von ihrem Auftreten und der Dauer

1. Kurzzeitiges Vorhofflimmern (paroxysmales), welches wieder selbstständig in einen normalen Herzrhythmus übergeht
2. Dauerhaftes Vorhofflimmern, welches mit Medikamenten wieder in einen normalen Rhythmus übergeht (persistentes)
3. Dauerhaftes Vorhofflimmern, welches auch unter Medikamenten nicht in einen normalen Rhythmus zurückkehrt (permanentes, therapieresistentes)

Vorhofflimmern kann ohne EKG jedoch nicht festgestellt werden, weshalb es in der Regel nur durch einen Arzt zufällig oder auf Verdacht festgestellt wird. Durch die hohe Gefahr der Komplikationen wie dem erhöhten Schlaganfallrisiko, ist es jedoch für Pflegekräfte eine durchweg wissenswerte Störung. Eine vom Arzt verordnete Medikamenteneinnahme (z.B. Marcumar®) ist hier von den Pflegkräften entsprechend durchzuführen bzw. zu kontrollieren.

Auch sehr viele andere Rhythmusstörungen können von der Pflegekraft nicht erkannt werden, da sie nur auf dem EKG ersichtlich sind. Sollten sich bei PB jedoch Störungen einstellen, welche z.B. über den Puls deutlich erkennbar sind und nicht wie Tachykardie durch beispielsweise Anstrengung oder anderen harmlosen Faktoren zu erklären sind, ist immer das examinierte Personal oder ein (Not-)Arzt zu verständigen.

Angina Pektoris / Herzinfarkt
Von der akuten Symptomatik her gleichen sich Angina Pectoris (AP) und Herzinfarkt (HI), so dass eine Unterscheidung im Notfall oftmals nur schwer möglich ist.

Das Herz selber wird durch die außen herum liegenden Herzkranzgefäße mit Sauerstoff und Nährstoffen versorgt. Kommt es durch Ablagerungen in diesen Gefäßen zu einer nicht mehr ausreichenden Minderdurchblutung (Stenose) verspürt der Patient Symptome, die dem eines Herzinfarktes gleichen. Hierzu gehören dumpfer Schmerz, Druck, Schweregefühl, Brennen oder Erstickungsgefühl. Es fehlt jedoch oftmals der stechende, ausstrahlende Schmerz. Jedoch alleine an diesem fehlenden Anzeichen sollte eine Verdachtsdiagnose nicht festgelegt werden.

Auf Grund des Auftretens unterscheidet man die Angina Pectoris in zwei grobe Typen:

1. Die stabile AP. Sie tritt bei Belastungen und Anstrengungen auf, in Ruhe hat der PB keine Beschwerden

2. Die instabile AP hingegen bezeichnet Beschwerden
   2.1. die erstmalig auftreten, denn man weiß ja dann noch nicht ob sie nur unter bestimmten Voraussetzungen auftreten.
   2.2. Wiederkehrende, belastungsunabhängige Beschwerden oder die Verschlimmerung der Beschwerden einer stabilen AP

Ist man sich im Notfall nicht sicher ob es sich um eine AP oder einen HI handelt, handelt man so, als wäre es ein HI!

Beim Herzinfarkt kommt es zu einem Verschluss in den Herzkranzgefäßen. Der dahinterliegende Teil wird gar nicht mehr mit Sauerstoff und Nährstoffen versorgt und das Herzmuskelgewebe an dieser Stelle stirbt ab. Neben den bereits bei der Angina Pectoris genannten Symptomen kommt zumeist ein retrosternaler Schmerz hinzu (Retro= hinter, Sternum= Brustbein also hinter dem Brustbein liegend). Dieser kann in den linken Arm, den Kiefer, den Rücken, den Oberbauch ausstrahlen und führt auf Grund seiner Intensität dazu, dass er als Vernichtungsschmerz wahrgenommen wird. Hierdurch geraten die Patienten oftmals in panische Angst bzw. Todesangst.

In 20% der Fälle ist der Herzinfarkt asymptomatisch, also ohne typische Erkennungszeichen. In diesen Fällen spricht man von einem „stummen Infarkt" der dann oftmals später erst zufällig festgestellt wird.

Hat man auch nur den geringsten Verdacht, dass es sich um einen Herzinfarkt handeln könnte, ist unverzüglich der Notruf abzusetzen. Der Zeitfaktor spielt hier eine sehr große Rolle in der klinischen Behandlung und deren Erfolg. Je eher der Patient in einem Krankenhaus behandelt wird, desto höher sind die Erfolgsaussichten.

Herzinsuffizienz
Die Herzinsuffizienz steht für eine nicht ausreichende Leistung des Herzens. Laut WHO definiert sich diese als verminderte körperliche Belastbarkeit aufgrund einer ventrikulären (= auf die Kammer bezogenen) Funktionsstörung.

Zunächst wird die Herzinsuffizienz in zwei grobe Gruppen eingeteilt:

1. Kompensierte Herzinsuffizienz -> Beschwerden treten lediglich bei Belastungen auf
2. Dekompensierte Herzinsuffizienz -> dauerhafte Beschwerden

Des Weiteren wird unterschieden nach der Lokalisation, also dem Ort der Insuffizienz

1. Linksherzinsuffizienz
2. Rechtsherzinsuffizienz
3. Globale Herzinsuffizienz (das gesamte Herz ist betroffen)

Eine weitere Einstufung nach AHA (American Heart Association) erfolgt nach Schweregrad bzw. Stadium und medikamentöser Therapierbarkeit in die Stadien A bis D, beginnend bei einem Risiko bis hin zu so schwerwiegender Herzinsuffizienz, dass eine Herztransplantation oder ein künstliches Herz notwendig werden.

Die Symptome sind vielseitig und unterschiedlicher Natur, da sie auch Abhängig von der Lokalisation sind.

In den meisten Fällen äußert sich eine Herzinsuffizienz durch Wassereinlagerungen in den Beinen, im Bauch oder der Lunge.

Bei einer Linksherzinsuffizienz schafft es die linke Herzhälfte durch ihre Schwäche nicht mehr, das von der Lunge kommende Blut weiter zu pumpen. Da die rechte Herzhälfte aber normal weiter arbeitet und die normale Menge Blut in die Lunge pumpt, kommt es hier (in der Lunge) zu einem Überdruck in den Gefäßen, durch den Flüssigkeit aus den Gefäßen in die Lunge „gepresst" wird. Es entsteht ein Lungenödem.

Bei der Rechtsherzinsuffizienz passiert das gleiche, jedoch entsteht hier der Überdruck im Körperkreislauf, da die rechte Herzhälfte das zurückströmende Blut nicht wieder abtransportieren kann. Durch den Überdruck tritt jetzt die Flüssigkeit ins Gewebe aus, in den meisten Fällen zunächst in den Beinen, und steigt dann immer höher.

Zunächst muss durch den Arzt die Diagnostik erfolgen, die sowohl die Erkrankung selber als auch deren Folgen betrifft. Die dann eingeleitete Therapie ist zwingend einzuhalten und das Pflegepersonal hat hierauf zu achten.

Neben der medikamentösen Therapie sowohl gegen die Ursachen als auch deren Flogen, werden in der Regel auch einige Allgemeinmaßnahmen ergriffen. Hierzu zählen:

- Allgemeine Maßnahmen zur Reduktion der Belastung
- Gewichtsreduktion (falls notwendig)
- Kochsalzarme Ernährung
- Überwachung und ggfls. Beschränkung der Flüssigkeitszufuhr mit gleichzeitiger Kontrolle der Flüssigkeitsausfuhr (Urinmenge)
- Alkoholreduktion oder –verbot

In der medikamentösen Therapie kommen in der Regel herzkraftsteigernde Mittel zum Einsatz (falls möglich) als auch Mittel zur Steigerung der Ausfuhr von Flüssigkeiten, sogenannte Diuretika.

Schlaganfall
Dieser Themenbereich wird in der Pflege sehr häufig anzutreffen sein. Sei es nun als akuter Notfall oder in der Form, dass ein PB nach einem

Schlaganfall in einem Pflegeheim lebt. Daher möchte ich diesen Bereich auch etwas genauer betrachten und ausführen.

Als Schlaganfall (Apoplex) bezeichnet man eine plötzlich auftretende Durchblutungsstörung des Gehirns, verursacht durch das Verstopfen oder das Platzen einer das Gehirn versorgenden Arterie. Hierdurch kommt es zur Unterversorgung des Hirngewebes mit Sauerstoff und Nährstoffen, wodurch das Gewebe abstirbt.

Der Schlaganfall ist die dritthäufigste Todesursache in Deutschland und jedes Jahr erleiden 262.000 Personen einen Schlaganfall. Hiervon ca. 196.000 erstmalig, 66.000 zum wiederholten Mal. Ca. 63.000 Patienten versterben direkt an den Folgen eines solchen Schlaganfalls (Zahlenquelle: Statistik 2010 Deutsche Gesellschaft für NeuroIntensiv- und Notfallmedizin (DGNI)).

Im Zusammenhang mit dem Schlaganfall wird oftmals auch die sogenannte Drittelregel genannt, die besagt, das

- 1/3 der überlebenden Patienten ohne größere Folgeschäden bleiben
- 1/3 behält größere Schäden zurück, die deren Alltag beeinflussen
- 1/3 wird zum Pflegefall

Entscheidend für die Chancen des Patienten bei einem Schlaganfall sind neben der Stelle und der Größe des betroffenen Bereichs im Gehirn auch die Zeit bis dieser in einer Klinik mit Spezialabteilung (Stroke Unit) behandelt wird. Hier zählt im wahrsten Sinne des Wortes, dass jede Sekunde zählt! Dies wird auch mit dem zutreffenden Satz „Time is Brain", also „Zeit ist Gehirn" zum Ausdruck gebracht.

Die Symptome eines Apoplex sind in erster Linie davon abhängig, welcher Bereich betroffen ist. Entsprechend unterschiedlich können die auftretenden Störungen sein.

- teilweise oder komplette Lähmung einer Körperhälfte (Hemiparese)
- Lähmung der Gesichtsmuskulatur (herabhängender Mundwinkel und/oder Augenlid
- Motorische Sprachstörungen (verwaschene Sprache durch den halbseitigen Verlust der Fähigkeit Mund, Zunge, etc. zu steuern
- Plötzlich auftretende Wortfindungsstörungen und/oder Verlust der Fähigkeit gesprochenes zu verstehen Wörter die bekannt sein müssten (z.B. Tasse) kennt der Patient plötzlich nicht mehr
- Plötzlich auftretende starke Kopfschmerzen
- Plötzliche Übelkeit

- Koordinationsschwierigkeiten (stolpern, Gleichgewichtsprobleme, etc.)
- Sehstörungen
- Verwirrtheit, Orientierungslosigkeit
- Etc.

Grundsätzlich können plötzliche Ausfallerscheinungen jeglicher Art ein Hinweis auf einen Schlaganfall sein. Im Zweifelsfall sollte immer der Rettungsdienst verständigt werden.

Manchmal verschwinden die Anzeichen fast genauso plötzlich, wie sie aufgetreten sind. In diesen Fällen spricht man von einer TIA (transitorisch-ischämische Attacke, vorübergehende Durchblutungsminderung). Dieser Zeitraum in dem sich die Symptome zurückbilden wurde bisher auf 24 Stunden festgelegt. Neuere Konzepte legen den Zeitraum jedoch mit einer Stunde und fehlenden Infarktanzeichen (CT oder MRT-Diagnostik) fest. Wichtig: man wartet natürlich nicht eine Stunde oder gar 24 Stunden, ehe man den Rettungsdienst verständigt! Dieser muss immer SOFORT verständigt werden, wenn solche Anzeichen auftreten.

Wie einleitend erwähnt kann ein Schlaganfall durch das verstopfen einer Arterie (Hirninfarkt) oder das platzen einer Arterie (Hirnblutung) verursacht werden. Man spricht hier auch von unblutigem und blutigem Schlaganfall. Die häufigste Ursache mit 80% bis 85% ist hierbei der Hirninfarkt. Da jedoch von außen der Unterschied nicht festzustellen ist, muss vor der Behandlung ein CT oder MRT gemacht werden. Bei Hirninfarkten wird zumeist eine sogenannte Lyse durchgeführt, bei der mit Medikamenten der Verschluss aufgelöst wird. Dies wäre natürlich bei einer Hirnblutung absolut kontraindiziert da in diesem Fall die Blutung durch die gerinnungshemmende Wirkung der Lyse verstärkt würde. Daher ist die Sicherung der Diagnose Hirninfarkt per CT/MRT so wichtig ist.

Nach der Therapie im Krankenhaus ist die Rehabilitation der nächste Schritt für die Patienten. Hier geht es neben der körperlichen Rehabilitation auch um die geistige bzw. seelische Rehabilitation. Ein Schlaganfall und seine Folgen bedeuten für die Patienten einen großen Einschnitt in ihrem Leben, vor allem dann, wenn sie fortan auf Hilfe und Pflege angewiesen sind.

In der Pflege gibt es ebenfalls viele Faktoren die bei Schlaganfallpatienten zu beachten sind.

Soweit möglich, sollten Patienten die betroffene Seite immer selber waschen und pflegen. So behalten die PB das Gefühl für ihren Körper auch in der betroffenen Körperhälfte. Geschieht dies nicht, kann es dazu führen, dass der betroffene Bereich plötzlich für den Patienten gar nicht mehr existiert und wahrgenommen wird. In ganz extremen Fällen kann sich dies sogar als Neglect äußern, wobei der Patient Körper- oder sogar

Raumhälften nicht mehr wahrnimmt. Dabei kann es sogar dazu kommen, dass das Essen nur auf einer Seite des Tellers wahrgenommen wird. Die andere Hälfte bleibt einfach unbemerkt und wird auch vom Patienten entsprechend nicht gegessen. Dreht man den Teller nun um 180°, so wird der Patient auch diesen Teil wahrnehmen und essen. Erschwerend kommt hierbei hinzu, dass sich die PB dieser Defizite nicht bewusst sind.

Eine weitere Möglichkeit damit der Patient die betroffene Körperhälfte weiter wahrnimmt, mag im ersten Moment gerade bei Angehörigen zu Irritationen führen. Gegenstände, welche der PB benötigt, also zum Beispiel Getränke, werden auf dem Nachtisch auf der Betroffenen Seite abgestellt. Der Patient muss sich nun über die Seite drehen und nimmt so diesen Bereich immer wieder wahr. Für Angehörige ist dies oftmals ohne entsprechende Erklärung unverständlich, weshalb hier auch die Einbeziehung der Angehörigen in die Pflege sehr wichtig ist.

Wichtig ist jedoch auch zu wissen, dass durch das eventuell fehlende Gefühl in Armen oder Beinen auch das Schmerzempfinden fehlt. Die PB merken also nicht, wenn zum Beispiel die Hand abgeknickt liegt oder sich Druckstellen bilden, die dann zum Dekubitus führen können. Eine entsprechende Lagerung und ständige Kontrolle der betroffenen Körperteile sind daher extrem wichtig.

Die weitere Pflege von Schlaganfallpatienten richtet sich natürlich auch stark nach den noch vorhandenen Fähigkeiten der PB bzw. den Einschränkungen und Folgen die vorliegen und müssen individuell an die Bedürfnisse angepasst werden (siehe hierzu auch den Abschnitt Pflegeplanung).

Viele Komplikationen bei Schlaganfallpatienten treten später durch eine mögliche Bettlägerigkeit auf. Hierzu zählen unter anderem

- Lungenentzündungen (Pneumonie)
- Dekubitus
- Kontrakturen und Gelenkversteifungen
- Muskelschwund

Weitere Komplikationen können

- Aphasie (Sprachstörungen durch Schädigungen im zentralen Nervensystem, siehe auch nächster Abschnitt)
- Epilepsien und
- Harnwegsinfekte in Folge eingeschränkter Blasen-/Nierenfunktion

sein. Natürlich stellt diese Auflistung keine komplette Liste dar, sondern lediglich einige der möglichen Komplikationen. Ebenso müssen diese natürlich nicht zwingend auftreten!

Sprachstörungen/Aphasien

Als Aphasien bezeichnet man Sprachstörungen, die durch Schädigungen im zentralen Nervensystem (ZNS) entstehen, wie beispielsweise als Folge eines Apoplex. Weiter Ursachen können aber auch Tumore, Hirnhautentzündungen oder auch Verletzungen durch ein Schädel-Hirn-Trauma (SHT) sein. Hierbei ist es gut zu wissen, dass unser Sprachzentrum nicht nur eine Stelle ist, sondern sich aus mehreren Teilen zusammensetzt. Zum einen ist da das motorische Sprachzentrum, welches das Sprechen und die dabei nötigen Bewegungen steuert. Außerdem gibt es das sensorische Sprachzentrum. Dieses könnte man als „Wörterbuch" bezeichnen, also der Bereich in dem die Wörter abgelegt sind die wir kennen. Wird also das motorische Sprachzentrum geschädigt, verliert der PB die Fähigkeit Wörter auszusprechen. Bei einer Schädigung des sensorischen Sprachzentrums kennt er die Worte nicht mehr. Es ist als hätte man aus seinem Wörterbuch einige oder auch alle Seiten herausgerissen. Daher kann eine plötzlich auftretende Sprachstörung auf jeden Fall ein Hinweis auf einen Apoplex sein und entsprechendes Handeln (Notruf!) ist angebracht.

Bei den Aphasien gibt es unterschiedliche Formen.

1. Globale Aphasien
   Dies ist die schwerste Form der Aphasie, da die PB hierbei komplett der Sprache beraubt sind und sowohl das motorische als auch das sensorische Sprachzentrum betroffen sind. Hierbei sind neben der Aussprache auch oftmals das Sprachverständnis und das Lesen stark gestört.
2. Wernicke Aphasien
   Hierbei ist das Wernicke-Sprachzentrum betroffen und es kommt zu sensorischen Aphasien, also dem fehlenden Sprachverständnis. Wörter werden nicht mehr verstanden und sind dem PB auch gar nicht mehr bekannt. Wörter werden neu erfunden oder durch Floskeln wie „das Ding" ersetzt. Auch kommt es häufig zu einem ungehemmten Redefluss, der jedoch keinerlei Sinn ergibt oder völlig inhaltslos ist.
3. Broca Aphasie
   Hierbei kommt es durch Schädigung des motorischen Sprachzentrums (Broca-Sptachzentrum) zu Störungen beim Sprechen. Es fällt den Patienten oftmals schwer Wörter auszusprechen, weshalb sie auch versuchen die Sätze so kurz wie möglich zu halten. Die Sprache ist meist verlangsamt, abgehackt oder gar beides.
4. Amnestische Aphasie
   Die leichteste Form der Aphasie äußert sich

durch Wortfindungsstörungen bei gut bis sehr gut erhaltener Kommunikationsfähigkeit. Fehlende Worte werden durch den PB durch andere ersetzt und dieser entwickelt Strategien, damit dem Gegenüber diese Sprachstörungen nicht auffallen (Oberbegriff statt gesuchter Begriff: Fahrzeug statt Auto oder PKW). Ihnen sind diese Objekte zwar bekannt, aber sie kennen eben das genau Wort dafür nicht mehr.

Neben diesen Aphasien gibt es noch weitere, wie z.b. die Leitungsaphasie, bei der die „Leitung" ((Projektionsfaserbahn) zwischen Broca- und Wernecke-Bereich geschädigt ist und daher Wörter nicht mehr oder nur sehr schwer nachgesprochen werden können.

Nochmals an dieser Stelle der Hinweis auf die zügige Versorgung eines Patienten mit Apoplex in einer Klinik, am besten natürlich einer Stroke-Unit. Nicht jeder Patient ist für eine Lysetherapie, also dem Auflösen des verstopfenden Gerinnsels geeignet, aber das sind zum Teil Punkte, die wir als Pflegekraft nicht einschätzen können. Faktoren sind hierbei zum Beispiel die Zeit seit dem Geschehen, Alter, Vorerkrankungen und viele weitere. Nach der Behandlung im Krankenhaus sollte nach Möglichkeit eine schnellstmögliche Rehabilitationstherapie begonnen werden. Hierzu zählen je nach Folgen sowohl Physio- und Ergotherapie, Logopädie aber auch die psychologische Betreuung in Einzel- oder Gruppentherapie.

Das Atmungssystem

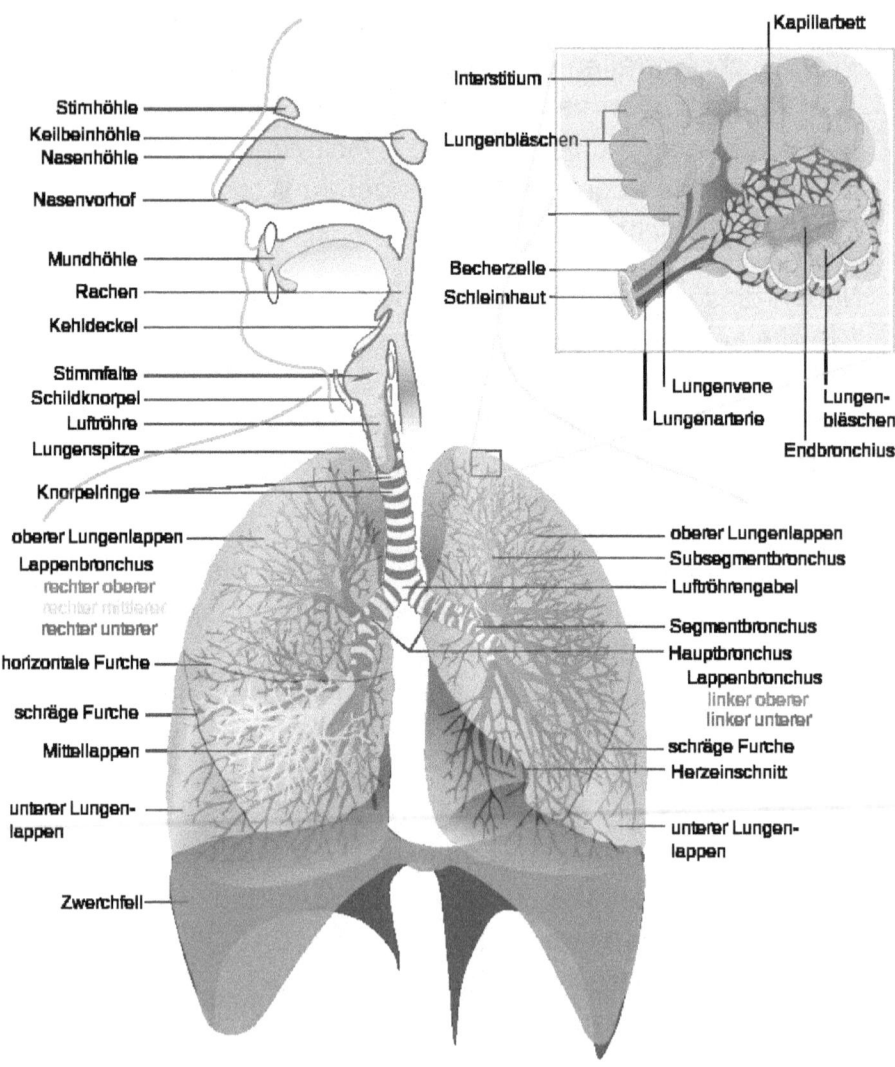

„Respiratory system complete de" von User:LadyofHats, translated by User:Martiny, corrections by User:Uwe Gille - Image:Respiratory_system_complete_en.svg. Lizenziert unter Public domain über Wikimedia Commons

Nase, Mund und Rachen

Die normale Atmung bei Menschen erfolgt in Ruhephasen durch die Nase. Dort wird durch feine Härchen und die Schleimhäute die Atemluft gefiltert, angewärmt und angefeuchtet. Benötigen wir mehr Luft, zum Beispiel beim Sport, so schalten wir in der Regel auf die Atmung durch den Mund um. Nach Nase oder Mund gelangt die Luft durch den Rachenraum in die im nächsten Abschnitt näher beschriebene Luftröhre.

Luftröhre und Aufbau der Lunge

Die Luftröhre (Trachea) besteht zum größten Teil aus Knorpelspangen die für die Stabilität sorgen und beginnt hinter dem Kehlkopf. Sie teilt sich dann an der sogenannten Bifurkation in zwei Hauptäste (Hauptbronchien). Diese gehen in den rechten und linken Lungenflügel. Der rechte Lungenflügel besteht aus drei Lungenlappen, der linke lediglich aus zwei. Der Grund hierfür und für die Tatsache, dass der nach links laufende Ast stärker abgewinkelt liegt darin, dass dort das Herz liegt.

Die zwei Hauptäste teilen sich dann in die, immer kleiner werdende Bronchien deren kleinste und feinste Form sich dann Bronchiolen nennt. An ihren Enden befinden sich die Lungenbläschen (Alveolen). Die Alveolen sind von Kapillaren umgeben die das Kohlendioxid abgeben und Sauerstoff aufnehmen können. Hier findet der eigentliche Gasaustausch statt.

Die beiden Lungenflügel sind vom Lungenfell überzogen und haben hierdurch eine glatte Oberfläche. Die Innenseite der Rippen sind mit dem Rippenfall ausgekleidet, welches ebenfalls für eine glatte Oberfläche sorgt. Der Raum zwischen diesen beiden glatten Flächen nennt sich Pleuraspalt und ist mit der sogenannten Pleuraflüssigkeit gefüllt, die durch Adhäsion nun dafür sorgt, dass die Lungenflügel an den Rippen haften aber gleichzeitig auch gleitfähig sind. Dies ist zu vergleichen mit zwei Glasplatten, zwischen die man einen Tropfen Wasser gibt. Auseinanderziehen kann man diese nicht, aber man kann sie gut gegeneinander verschieben. Der Raum zwischen Lunge und Herz sowie den Gefäßen in der Mitte des Brustkorbs nennt man Mediastinum. Dieser ist ebenfalls durch eine Haut, das Mittelfell, von der Lunge abgetrennt. So sind das Herz vor den mechanischen Einwirkungen des Atmens und die Lunge vor den Einwirkungen des Herzschlages geschützt.

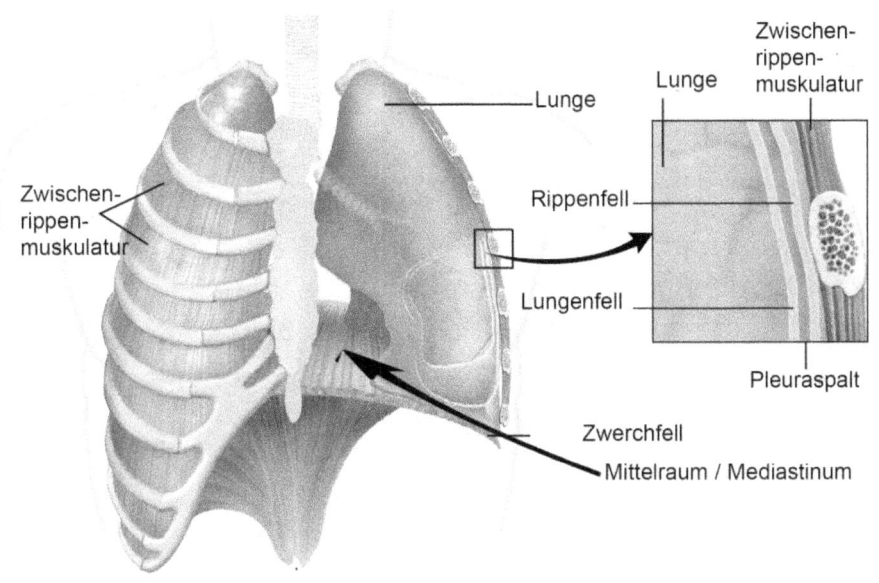

"2313 The Lung Pleurea" by OpenStax College - Anatomy & Physiology, Connexions Web site. http://cnx.org/content/col11496/1.6/, Jun 19, 2013.. Licensed under Creative Commons Attribution 3.0 via Wikimedia Commons- Übersetzung & Überarbeitung Gerald Busch

Die Atmung selber wird in die Einatmung und die Ausatmung unterteilt. Die Einatmung ist hierbei ein aktiver Vorgang, da sich das Zwerchfell anspannt und nach unten zieht. Zusätzlich wird die Zwischenrippenmuskulatur eingesetzt, um den Brustkorb zu erweitern. Da die Lunge wie gerade beschrieben an den Rippen haftet wird sie so vergrößert. Hierdurch entsteht ein Unterdruck, durch den dann die Luft hereinströmt.

Bei der Ausatmung, die passiv ist, entspannt sich die Muskulatur und das Zwerchfell. Der Raum im Brustkorb verkleinert sich wieder und die Luft wird wieder herausgepresst.

Die Steuerung der Atmung übernimmt das Atemzentrum, welches im Hirnstamm liegt. Es steuert die Atmung bei gesunden Patienten in erster Linie durch den CO_2- Gehalt des Blutes. Steigt dieser, wird die Atmung veranlasst. Der O_2-Gehalt spielt eine untergeordnete Rolle bei der Atemsteuerung. Ausnahmen wären Erkrankungen, bei denen ein dauerhaft hoher CO_2-Gehalt im Blut die Folge ist, wie es bei Asthma vorkommen kann. In solchen Fällen kann die Atemsteuerung „umschalten" und über den Sauerstoffgehalt funktionieren.

Die Atmung wird noch unterteilt in die innere und äußere Atmung.

Die äußere Atmung betrifft den Bereich von der Aufnahme der Luft durch die Nase bis zur Übergabe des Sauerstoffs an die Kapillare. Als die innere Atmung bezeichnet man den Transport von dort zur Zelle, die Abgabe des Sauerstoffs und die Aufnahme des Kohlendioxids an der Zelle, sowie den Rücktransport zur Alveole. Die Abgabe des Kohlendioxids an die Alveole und die Ausatmung gehören dann wieder zur äußeren Atmung.

Bei der Einatmung passiert die Luft, wie zuvor beschrieben auch den Kehlkopf. Dieser Bereich hat mehrere Aufgaben, die hier kurz beschrieben werden sollen.

Oben befindet sich der Kehldeckel, welcher als Schutz der Atemwege fungiert, indem er die Luftröhre verschließt, wenn man etwas schluckt. So wird verhindert, dass Nahrung in die Lunge gelangt. Des Weiteren dient der Kehlkopf der Stimmbildung. Hierzu nutz der die Stimmbänder, die im inneren des Kehlkopfes liegen und durch Anspannung, Entspannung und Bewegung die Ausatemluft beim Sprechen in grobe Wörter verwandelt, welche dann durch die Zunge und die Lippen letztendlich zu verständlichen Worten verfeinert werden.

Um die Atmung eines PB beurteilen zu können, muss man natürlich die entsprechenden Werte kennen.

Die Atemfrequenz beträgt bei gesunden

- Erwachsenen 12-15 pro Minute
- Jugendlichen 16-20 pro Minute
- Kleinkindern rund 25 pro Minute
- Säuglingen rund 30 pro Minute
- Neugeborenen rund 40 pro Minute

Das Atemzugvolumen (AZV), also die Menge Luft die man pro Atemzug (in Ruhe) einatmet berechnet sich nach dem Körpergewicht.

Die Formel lautet AZV = 8ml/kg * KG   (KG= Körpergewicht)
also bei einem Patienten mit 50 kg würde dies ca. 400 ml sein, bei einem Patienten mit 75 kg ca. 600 ml. Bei extrem übergewichtigen Patienten ist diese Formel natürlich nicht mehr passend.

Erkrankungen des Atmungssystems
Erkrankungen und akute Probleme der Atmung sind in vielen Fällen ein Notfall. Neben den Gefahren des Sauerstoffmangels kommt hier die psychische Belastung des PB hinzu. Diese kann in Form von Angst und Panik die Symptome noch verschlimmern. Im Rahmen eines Erste-Hilfe-Kurses sollte man sich deshalb über die geeigneten Maßnahmen im Notfall informieren und diese sicher beherrschen. Die Betreuung, also ermutigen, trösten und für den PB da zu sein, ist deshalb fast genauso wichtig wie Maßnahmen zur Atemwegssicherung oder das Befreien der Atemwege von Fremdkörpern.

Bronchitis
Bronchitis ist, wie der Name schon sagt, eine Entzündung der Bronchien (Endung -itis = Entzündung) in diesem Fall genauer gesagt der dortigen Schleimhäute. Dies kann in Folge von viralen Infekten geschehen oder auch durch bakterielle Infektionen. Auch Staub der bis in die

Bronchien vordringt (zumeist Feinstaub) kann Ursache hierfür sein.

Bei Fieber sollte der PB Bettruhe einhalten und es sollten fiebersenkende Maßnahmen (z.B. durch Medikamente) ergriffen werden. Hinzu kommen in der Regel Medikamente zum Einsatz, die schleimlösend wirken (tagsüber) oder auch hustenstillend wirken (abends/nachts). Gegebenenfalls ist auch eine Antibiotikagabe notwendig. Diese, sowie alle anderen medikamentösen Therapien, sind natürlich nur nach ärztlicher Anordnung durchzuführen!

Achten sie bei der Bettruhe unbedingt auf eine entsprechende Lagerung des PB, die ihm das Abhusten ermöglicht und einer Lungenentzündung vorbeugt (Pneumonieprophylaxe).

Eine Bronchitis kann auch chronisch sein. In diesen Fällen ist zumeist eine bakterielle Infektion oder Staub/Luftverschmutzung (z.B. auch Rauchen oder Staub bei Bergleuten) die Ursache.

In solchen Fällen sollten die Auslösenden Faktoren soweit es möglich ist, schnellstmöglich ausgeschaltet werden. Ebenfalls wird in chronischen Fällen oftmals mit Inhalatoren gearbeitet um den Schleim in den Lungen flüssig zu halten/ zu bekommen. Auch Atemgymnastik kann Linderung bringen.

Eine Impfung gegen Pneumokokken kann sinnvoll sein um schnell auftretende Komplikationen zu vermeiden.

Asthma Bronchiale
Asthma Bronchiale oder auch Bronchialasthma genannt, bezeichnet eine Erkrankung die typischerweise zu plötzlicher Atemnot durch eine Verengung der Bronchien hervorruft.

Der Anfall kann durch allergische Reaktionen hervorgerufen werden (Hausstaub, Pollen, Tierhaare, etc.) oder durch Infekte, psychische Faktoren oder Anstrengung auftreten.

Bei einem Anfall kommt es zum Bronchospasmus (eine Art Verkrampfung der Bronchialmuskulatur) und ein Anschwellen der Bronchialschleimhäute. Hierdurch wird hauptsächlich die Atmung erschwert und der PB hat ein pfeifendes und trockenes Atemgeräusch bei der Ausatmung.

Die psychische Belastung durch die Atemnot spiegelt sich in einem Erstickungsgefühl wieder und PB sind oftmals zyanotisch (Blaufärbung der Lippen und Haut durch Sauerstoffmangel). Im akuten Fall sind, neben der Eingangs der Erkrankungen erwähnten Betreuung, eine atmungsunterstützende Haltung und die Hilfe bei der Einnahme eines Notfallmedikaments erste Maßnahmen. Bei erstem Auftreten eines Asthmaanfalls oder wenn die Maßnahmen zu keinem Erfolg führen, ist der Notarzt zu verständigen und die Vitalzeichen regelmäßig zu kontrollieren bis dieser eintrifft.

Die ärztliche Therapie im Notfall besteht aus der Überwachung des Patienten, Cortisongabe (als Aerosol oder i.v.) zur Bekämpfung des Ödems in den Bronchien und in der Regel dem Transport ins Krankenhaus.

Neben der medikamentösen Therapie durch den Arzt ist es bei PB mit Asthma Bronchiale wichtig die auslösenden Faktoren zu eliminieren. Bei Hausstauballergien gibt es beispielsweise spezielle Bezüge für Kissen und Matratzen. Hinzu können Entspannungsübungen, Asthmaschulungen, Atemschulung sowie weitere Therapien kommen. Am wichtigsten ist es jedoch in der Tat die bekannten Faktoren oder deren Verstärker zu kennen, damit sie gemieden werden können.

Pneumonie
Eine große Gefahr für PB die bettlägerig sind, ist es an einer Pneumonie (Lungenentzündung) zu erkranken. Bedingt durch die fehlende Mobilität kann es zu Sekretablagerungen kommen, die der optimale Nährboden für Krankheitserreger sind und so zu einer Entzündung führen. Oftmals ist bei diesen PB auch noch das Immunsystem geschwächt, wodurch keine effektive, körpereigene Abwehr gegen diese Erreger erfolgen kann.

Dieser Gefahr muss daher bei bettlägerigen PB durch eine gute Pneumonieprophylaxe entgegengewirkt werden. Deren Ziele sind:

- Besserung der Lungendurchblutung
- Ventilationsanregung
- Entfernen von Sekret durch Abhusten
- Ausreichende Lungenbelüftung

Zusätzlich sind spezielle Lagerungen möglich, die dem PB das Abhusten ermöglichen.

Unterschieden wird die Pneumonie noch in unterschiedlichen Gruppen, z.B. nach dem Ort der Entzündung (Alveolen, ganzer Lungenlappen, etc.), der Ursache (bakterielle Pneumonie, Aspirationspneumonie, etc.) oder auch danach ob die Pneumonie direkt die Erkrankung ist (primär) oder eine Folgeerkrankung z.B. durch Krebs ist.

Es muss nicht darauf hingewiesen werden, dass bei einem Verdacht auf eine Pneumonie der Arzt hinzugerufen werden muss. Dies ergibt sich oft auch schon aus dem allgemein schlechten Gesamtzustand des Patienten, der zumeist unter Fieber, Müdigkeit, etc. leidet. In den meisten Fällen wird der Arzt versuchen mit einem Antibiotikum gegen die Erkrankung und deren Erreger vorzugehen. Hinzu kommen Medikamente entsprechend den Symptomen die der Patient aufweist, wie fiebersenkende Mittel. Eine regelmäßige und engmaschige Kontrolle des erkrankten PB ist notwendig, da sich der Zustand oftmals rapide ändern kann. Hinzu kommen allgemeine Maßnahmen, wie der Vorsorge gegen Wundliegen (Dekubitusprophylaxe).

Verdauungssystem & Ausscheidungssystem

Als Verdauungssystem wird der gesamte Bereich bezeichnet, der an der Umwandlung der Nahrung in verwertbare Stoffe und der Ausscheidung der Reste beteiligt ist. Dazu zählen neben Mund, Speiseröhre, Magen und Darm auch zum Beispiel die Leber und die Bauchspeicheldrüse. Teilweise, wie beim Dickdarm, überschneiden diese sich mit dem Ausscheidungssystem, zu dem dann auch Nieren und Blase zählen.

Im Folgenden möchte ich zunächst den Weg der festen Nahrung durch unseren Körper der Reihe nach durchgehen und die entsprechenden Organe dazu mit ihren Aufgaben beschreiben.

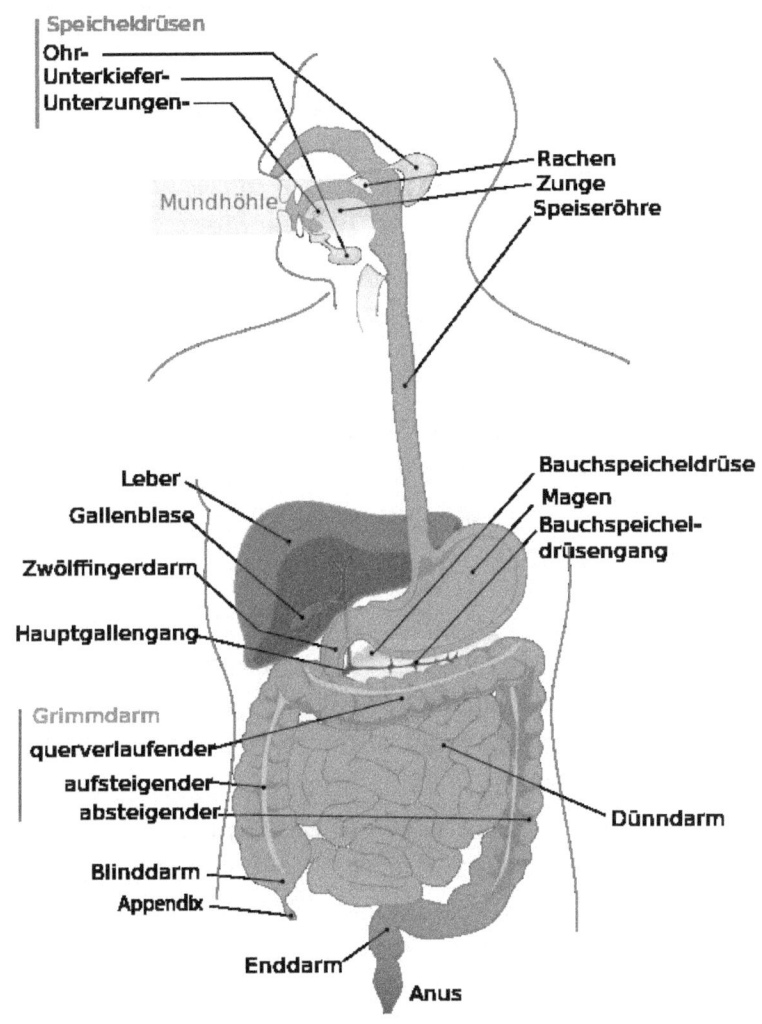

"Digestive system diagram de" von eingedeutscht User:BMK / LadyofHats - Eigenes Werk. Lizenziert unter Public domain über Wikimedia Commons

Die Nahrungsaufnahme erfolgt durch den

Mund
In ihm befinden sich die Zähne welche die Nahrung zunächst zerkleinert. Zusammen mit der Zunge vermischen sie hierbei die Nahrung mit Speichel, welcher in den Speicheldrüsen gebildet wird. Die größte Speicheldrüse ist hierbei die Ohrspeicheldrüse. Der Speichel ist mit Enzymen versehen, die bereits im Mund die Zersetzung der Nahrung in verwertbare Einzelteile beginnen lassen. Im Mund werden hierbei vor allem Kohlenhydrate zersetz. Ist die Nahrung ausreichend zu Brei vermengt worden, so gelangt sie nach dem Schlucken zunächst durch den Rachen in die

Speiseröhre
Der Name ist hierbei etwas irreführend, denn diese ist kein Rohr im eigentlichen Sinn, sondern ein Muskelschlauch, welcher aktiv durch wellenartige Bewegung den Nahrungsbrei in Richtung Magen transportiert. Diese Bewegung wird auch als Peristaltik bezeichnet. Innen ist sie mit einer Schleimhaut ausgekleidet, die dafür sorgt, dass die Nahrung heruntergleiten kann. Nun kommt die Nahrung in den

Magen
Dieser versetzt die Nahrung mit der sogenannten Magensäure, die unter anderem dafür Sorge tragen soll, dass Keime abgetötet werden. Sie besteht unter anderem aus Salzsäure und hat als weitere Aufgabe die Zersetzung der Nahrung.

Die Magenschleimhaut erneuert sich alle 3 bis 5 Tage, um so einer Selbstverdauung durch die von ihr produzierte Magensäure entgegenzuwirken. Produziert der Magen zu viel Magensäure und dieser gelangt in die Speiseröhre, verspürt man einen brennenden, stechenden Schmerz, den man auch als Sodbrennen bezeichnet.

Der Magen gibt den Nahrungsbrei portionsweise durch seinen Ausgang in den

Dünndarm
Dieser Unterteilt sich in drei Abschnitte

Zwölffingerdarm
Dieser ist ca. 24 Zentimeter lang und liegt in einer Kurve direkt unter dem Magen. In ihm münden die Gänge der Bauchspeicheldrüse und der Gallenblase auf deren Aufgaben und Funktionen später noch eingegangen wird. Eine der Hauptaufgaben im Zusammenspiel mit der Bauchspeicheldrüse bzw. dem Bauchspeichel ist die Neutralisierung der Magensäure und die Vermengung des Nahrungsbreis mit der ebenfalls hier zugeführte Gallensaft, der die Aufgabe hat Fette zu emulgieren, also in feinste Tröpfchen aufzulösen. Der Zwölffingerdarm geht ohne klare Abgrenzung über in den

Leerdarm
Dieser ist circa 2 bis 2,5 Meter lang und seine Aufgabe besteht darin, die nun durch die Enzyme aufgespaltenen Nährstoffe über die Schleimhäute

an das Blut abzugeben. Der Dünndarm ist dazu in diesem und dem nächsten Bereich mit den Darmzotten ausgekleidet. Diese Ausstülpungen dienen der Vergrößerung der Oberfläche der Darminnenwand, um auf diese Art mehr Nährstoffe aufnehmen zu können. Von hier aus geht es in den

Krummdarm
Er bildet den letzten Teil des Dünndarms und hat eine Länge von rund 3 Metern. Auch hier ist eine klare Grenze zum vorherigen Abschnitt nicht vorhanden. Auch die Aufgaben sind die gleichen wie zuvor, nur ist er etwas dünner.

Das letzte Ende des Zwölffingerdarms sowie Leer- und Krummdarm sind über das sogenannte Gekröse oder Mesenterium mit dem Blutkreislauf verbunden. Hierrüber erhalten sie den benötigten Sauerstoff und geben darüber auch die aufgenommenen Nährstoffe ab.

Dickdarm
Dieser, auch Grimmdarm genannte Teil, gliedert sich hauptsächlich in vier Abschnitte, die nach ihrem Verlauf benannt werden. Dies sind der aufsteigende, der querverlaufende und der absteigende Teil des Darms, sowie am Ende die Sigmaschlinge.

Die Aufgabe des Dickdarms ist die Rückgewinnung des Wassers aus den Resten des Nahrungsbreis und dessen Eindickung.

Zusätzlich ist der Dickdarm sehr stark mit Bakterien versehen. Man geht aktuell davon aus, dass diese Bakterien hauptsächlich die Nahrungsreste zersetzen, die ansonsten für den Darm nicht verwertbar wären. Durch die Umwandlung einiger dieser Stoffe entstehen Gase, die uns als Flatulenz wohl ausreichend bekannt sind.

Am Anfang des Dickdarms, sozusagen vom Dünndarm kommend links abbiegend, liegt der Blinddarm und an seinem Ende der Wurmfortsatz. Die Aufgaben dieser beiden Darmabschnitte im menschlichen Körper sind nicht endgültig geklärt. Bei Wiederkäuern dient der Blinddarm als eine Art Wendehammer um Nahrung wieder zurück zu schicken. Da sich dort aber extrem viele Leukozyten und andere Abwehrstoffe finden lassen, geht man davon aus, dass sie eine Aufgabe im Bereich des Immunsystems haben.

Der letzte Teil des Darms ist dann der

Enddarm
Dieser Teil wird in zwei Abschnitte getrennt, den Mastdarm und den Analkanal oder Anus. Im Mastdarm wird der Kot zwischengespeichert, ehe er über den Analkanal ausgeschieden wird. Zwischen diesen beiden Teilen befindet sich ein Schließmuskel, welcher durch den Druck aus dem Dickdarm geöffnet wird. Die geschieht unwillkürlich, also nicht durch unseren Willen

beeinflusst. Am Ende des Analkanals befindet sich ebenfalls ein Schließmuskel, der allerdings willkürlich arbeitet, also von uns gesteuert wird.

Bauchspeicheldrüse

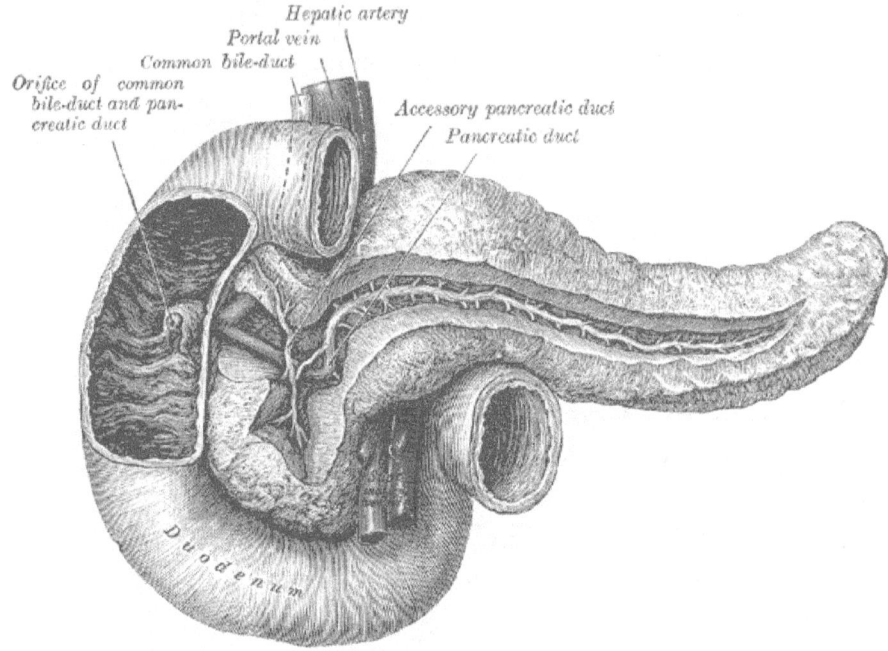

„Gray 1100 Pancreatic duct". Lizenziert unter Public domain

Die Bauchspeicheldrüse ist ein Organ, das unterhalb des Magens liegt und nach links spitz zuläuft. Auf der Rechten, dickeren Seite liegt es C-förmig am Zwölffingerdarm an. Sie produziert den mit Enzymen versehenen Bauchspeichel, der mit hilft die Nährstoffe aus dem Nahrungsbrei aufzuspalten, also Kohlenhydrate, Eiweiße und Fette. Hierbei produziert sie als sogenannte exokrine Drüse täglich etwa 1,5 Liter Bauchspeichel. Zusätzlich arbeitet sie als endokrine Drüse und produziert z.B. Insulin sowie weitere Hormone. Auf diese Funktion wird im Abschnitt Diabetes Melltitus noch genauer eingegangen.

Nachdem die Nahrung verdaut wurde, gelangen diese Verdauungsprodukte über die Pfortader in die

Leber
Die Leber besteht aus zwei größeren Segmenten, dem linken und dem rechten Leberlappen. Die Leber hat sehr im Körper viele unterschiedliche Funktionen.

Zum einen produziert sie die Galle, die dann im Anschluss in der Gallenblase zwischengelagert wird. Als Galle wird die Flüssigkeit bezeichnet, die die Leber produziert. Es ist kein Organ. Ist fälschlicherweise von Galle als Organ die Rede, so ist damit meistens die Gallenblase gemeint. Kommt fetthaltige Nahrung in den Zwölffingerdarm, gibt die Gallenblase die Gallenflüssigkeit in den Zwölffingerdarm ab.

Eine weitere Aufgabe ist der Abbau von roten Blutkörperchen. Hierbei werden diese in ihre Bestandteile zerlegt. Eisen kann in der Leber zwischengespeichert werden, da das Hämoglobin in Bilirubin umgewandelt und über die Galle mit an den Darm abgegeben werden kann. Dies macht die Färbung sowohl der Gallenflüssigkeit selber aus, als auch die Braunfärbung des Stuhls.

Eine weitere wichtige Aufgabe ist der Abbau von schädlichen Stoffen, die über die Nahrung bzw. den Verdauungstrack aufgenommen wurden. Als Beispiele seien hierfür Alkohol oder Medikamente genannt.

Die letzte Aufgabe auf die hier eingegangen werden soll, ist die Speicherung von Kohlenhydraten, den Energielieferanten für den Körper. Dieser Prozess besteht zunächst aus einer Umwandlung der Kohlenhydrate, denn diese sind so als solches nicht zu speichern. Wenn der Körper nun Energie benötigt, muss die Leber diese Stoffe wieder in verwertbare Stoffe umwandeln. Auch andere Stoffe, wie Fettsäuren, Glycerin und Aminosäuren werden durch die Leber so umgewandelt, dass sie für den Körper verwendbar sind.

Nieren
Die Nieren befinden sich, paarweise angeordnet, neben der Wirbelsäule und sind Bohnenförmig

Die Nieren bilden das wichtigste Ausscheidungsorgan unseres Körpers. Jede Niere ist aus einer großen Anzahl von Kanälchen aufgebaut, die von Blutgefäßen umgeben werden. In diesen Nierenkanälchen werden aus dem Blut allerlei Abbauprodukte und überschüssige Stoffe, wie Harnstoff und Kochsalz, aufgenommen und gesammelt. All diese Stoffe bilden zusammen mit dem Wasser, in dem sie aufgelöst sind, den Urin. Dieser gelangt über die Harnleiter in die

Blase
Das maximale Fassungsvermögen der Blase wird in der Literatur unterschiedlich angegeben. Je nach Körpergröße ist die Rede von 800 ml bis zu 1,5 Litern. Ein Harndrang setzt jedoch schon früher ein, ab 250 bis 500 ml. Bei einer extremen Füllung kann die Blase sich allerdings auch spontan und unwillkürlich entleeren.

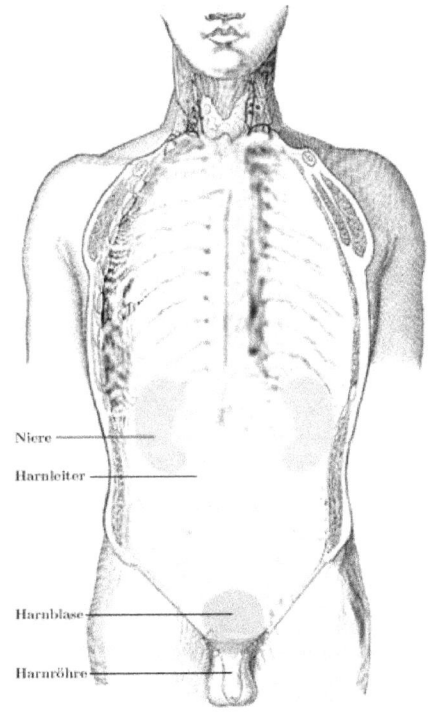

„Harntrakt de" von User:Lennert B - Selbst erstellt mit Adobe Photoshop 7.0, ausgehend von Image:gray621.png. Lizenziert unter Creative Commons Attribution 2.5

Die Entleerung erfolgt durch die Harnröhre, welche im Genitalbereich in der Harnröhrenöffnung endet, bei Männern im Penis, bei Frauen kurz vor der Vagina zwischen den Schamlippen.

Neben Leber und Nieren sind die Lungen und die Schweißdrüsen ebenfalls an der Ausscheidung beteiligt. Über die Lunge wird durch die Atmung CO_2 ausgeschieden, Kochsalz, Harnstoff und Milchsäure werden über die Schweißdrüsen ausgeschieden.

Man schätzt, dass ein Mensch etwa zwei Millionen solcher Schweißdrüsen, verteilt über den ganzen Körper besitzt. Über diese gibt er selbst in Ruhe rund 750 ml Schweiß ab. Durch die Verdunstung des Schweißes wird dem Körper Wärme entzogen, womit die Schweißdrüsen nicht nur für die Ausscheidung, sondern auch mit für die Wärmeregulierung zuständig sind.

Haut

Die menschliche Haut (Cutis) zählt zu den Organen. Sie ist durch ihre Fläche von 2qm sogar das größte Organ des Menschen. Sie wird in die folgenden Lagen unterteilt:

1. die Oberhaut (Epidermis)

2. die Lederhaut (Corium oder Dermis)

3. die Unterhaut (Subcutis)

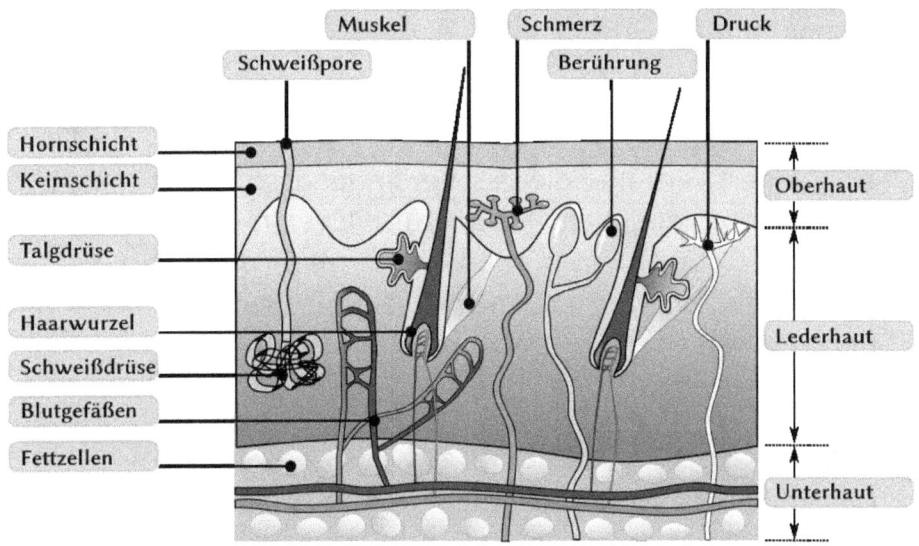

"Schemazeichnung haut" by Sgbeer - Own work. Licensed under Creative Commons Attribution-Share Alike 3.0-2.5-2.0-1.0 via Wikimedia Commons

Die Oberhaut ist der äußerste Teil der Haut. Sie ist aus einer Anzahl Lagen von aneinander geschlossenen Zellen aufgebaut: den Epithelzellen. Die oberste Schicht der Epidermis wird Hornzellenschicht genannt. Diese Schicht, die sich an der Außenseite fortwährend schuppt, besteht aus toten verhornten Zellen. Von unten her wachsen aus der sogenannten Keimschicht stetig neu Hautzellen nach.

Unter der Oberhaut liegt die dickere Lederhaut (Corium / Dermis). Die Lederhaut besteht aus elastischem Bindegewebe. In ihr befinden sich die Blutgefäße, Lymphgefäße, Nerven, Haarmuskeln und bestimmte Sinnesorgane des Tastsinns:

Rezeptoren für Druck, Kälte, Wärme und Schmerz.

Darunter liegt die Unterhaut, in der Fett eingelagert wird und die das Verbindungsstück zur darunterliegenden Muskulatur bildet. In sie wird das Medikament injiziert, wenn man von einer subkutanen Injektion spricht. Diese wird Beispielsweise bei der Injektion von Insulin vorgenommen.

Subkutane Injektion

Die subkutane Injektion ist eine Injektion von Medikamenten oder Impfstoffen in das im vorigen Abschnitt beschriebene Unterhautfettgewebe (Subcutis).

Sie bietet sich hierdurch an für Medikamente dessen Wirkungseintritt verzögert werden soll (depoteffekt).
 Die subkutane Injektion wird vorzugsweise an eine Körperstelle vorgenommen, an der die Haut gut verschiebbar und mit Fettgewebe gepolstert ist. In der Regel wird die Bauchhaut oder die Haut des Oberschenkels verwendet, also zum Beispiel am Bauch, Oberschenkel, Oberarm (Außenseite) und auch im Bereich über und unter dem Schulterblatt. Letzteres ist hierbei eine Stelle, die extrem selten genutzt wird, auch da der Patient sich dort nicht selber spritzen kann. Die Auswahl der zu nutzenden Stelle(n) obliegt

dem Arzt oder ist gemäß den Anleitungen des Medikaments (Beipackzettel) durchzuführen.

Die Durchführung kann hier nur theoretisch Besprochen werden und sollte ausreichend unter Anleitung geübt werden um Komplikationen (z.B. Abszesse) zu vermeiden.

- Kranken informieren
- sorgfältige Händedesinfektion
- Einstichstelle desinfizieren
- Einwirkzeit abwarten
- Bildung und Beibehaltung einer Hautfalte bis zum Ende der Injektion. Die Hautfalte wird auf der einen Seite mit dem Daumen und auf der anderen Seite mit dem kleinen Finger und Ringfinger gebildet.
- Einstichstelle nicht berühren
- Einstich im Winkel von 45° oder genau senkrecht (bei entsprechend kürzeren Kanülen).
- Medikament langsam injizieren, wobei die Kanüle nicht verschoben werden darf und eindeutig Subkutan liegen muss.
- nach der Injektion soll zur Vermeidung eines Rückflusses die Kanüle 10 Sekunden in der Subkutis verbleiben

- Kanüle entsprechend dem Einstichwinkel zügig herausziehen

- Tupfer leicht auf Einstichstelle drücken; keine kreisenden oder reibenden Bewegungen ausführen (Förderung der Hämatombildung)

- Kanüle fachgerecht entsorgen

- evtl. Pflaster auf

Bei häufigen Injektionen wie, bei Insulinpflichtigen Diabetikern, empfiehlt es sich die Einstichstellen in Bereiche aufzuteilen und stets zu wechseln, damit nicht immer an derselben Stelle injiziert wird.

Das Skelett

Das Skelett des Menschen besteht aus den folgenden Teilen:

- Die Knochen des Schädels, unterteilt in Hirnschädel und Gesichtsschädel;
- Die Knochen des Rumpfes, unterteilt in Wirbelsäule, Rippen und Brustbein;
- Die Knochen der oberen und unteren Extremitäten. Diese werden unterteilt in Schultergürtel, Arme, Beckengürtel und Beine

Knochen selber werden unterteilt in

- Röhrenknochen
- platte Knochen
- kurze Knochen und
- Sesambein

Röhrenknochen sind lange, hohle Knochen, die vor allem in den Armen und Beinen vorkommen. Platte Knochen sind, wie der Name schon sagt, platt und können mehr oder weniger gebogen oder gerade sein. Beispiele für platte Knochen sind die Schädelknochen, die Rippen (gebogen) und die Schulterblätter (gerade). Dann gibt es noch die kurzen Knochen mit einer unregelmäßigen Form, wie die Wirbel. Die Bezeichnung Sesambein tragen kleine runde Knochen, welche zusätzlich durch Bänder gehalten werden. Das bekannteste Beispiel hierfür sind die Kniescheiben.

Das Skelett besteht aus Knochen und Knorpeln. Knochen besitzt einen hohen Kalkanteil, der ihnen ihre Härte verleiht. Daneben beinhalten Knochen noch Kollagen, welches ihnen eine gewisse Elastizität gibt. Bei Neugeborenen besteht das Gerippe noch zu einem großen Teil aus Knorpel. Bei jungen Menschen bestehen die Knochen aus einem Knochengewebe, das noch viel Kollagen besitzt. Mit dem Alter erhöht sich der Kalkanteil im Knochengewebe, während das Kollagen weniger wird. Hierdurch werden die Knochen weniger biegsam und sind bei Stürzen im hohen Alter anfälliger für Brüche (z.B. Schenkelhalsbruch)

Rechtskunde

Eine komplette Besprechung aller für die Pflege relevanter Rechtsgrundlagen kann hier natürlich nicht stattfinden. Es sollten aber trotzdem die wichtigsten Faktoren bekannt sein.

Straftat- Freiheitsberaubung

Hierzu gehört die Frage, wann ich eine Straftat begehe bzw. wann nicht.

Zunächst müssen wir natürlich wissen, wann tatsächlich eine rechtlich verwertbare Straftat begangen wird, denn alleine z.B. etwas zu nehmen was mir nicht gehört stellt nicht zwingend eine solche dar.

Abzuklären ist immer

1. Der objektive Tatbestand, also ob jemand etwas getan hat, was laut Gesetzbuch verboten ist
2. Der subjektive Tatbestand, also ob derjenige die auch willentlich und unter Inkaufnahme der möglichen Folgen getan hat (Vorsatz)
3. Die Rechtswidrigkeit, also ob es eventuell Gründe gibt, die die Tat rechtfertigen

Ein Beispiel um dies zu verdeutlichen bei einer Person, die ein fremdes Haus betritt. Dies wäre je nachdem ob die Person sich Zutritt verschaffte ein Einbruch oder Hausfriedensbruch.

1. Objektiv: Eine Frage die eigentlich immer mit Ja oder Nein beantwortet werden kann. In unserem Beispiel: Hat die Person wirklich das Haus betreten?
Wenn sie gar nicht im Haus war, gibt es natürlich schon gar keinen Grund weiter zu forschen. War sie im Haus so liegt der objektive Tatbestand vor.
2. Subjektiv: War der Person bewusst, dass sie ein Fremdes Haus betritt, tat sie es also absichtlich oder vorsätzlich? Ein Beispiel wann dies nicht der Fall ist, wäre eine Reihenhaussiedlung in der sich eine Person im Dunkeln einfach um einen Eingang vertan hat und die Türe stand offen. Sie hat dann nicht willentlich das falsche Haus betreten.
3. Rechtswidrigkeit: Gab es Gründe, die den Zutritt rechtfertigen? Hierzu könnten Notfälle wie eine bewusstlose Person die sichtbar in der Wohnung lag zählen. Noch einfacher wäre es, wenn die Person die Wohnung betritt, weil sie die Erlaubnis dazu hatte, zum Beispiel weil sie während des Urlaubs des Besitzers die Katze füttert.

Eine leider sehr häufig vorkommende Straftat in der Pflege ist die Freiheitsberaubung (§239 Strafgesetzbuch).

Überprüfen sie doch folgende Situation einmal darauf ob es sich um eine Straftat handelt oder nicht.

In ihrer Tagespflege ist Frau Müller, die an einer Demenz leidet, bereits mehrfach aus dem Haus verschwunden und wurde dann, einmal sogar von der Polizei, in der Stadt aufgefunden. Einmal ist sie dabei sogar fast von der Straßenbahn überfahren worden, ein anderes Mal musste ein Auto ausweichen und hätte fast einen Unfall verursacht. Auch heute haben sie Frau Müller schon zwei Mal an der Türe gerade noch abfangen können. Da sie ja die Türe wegen der anderen Gäste nicht abschließen können, entscheiden sie sich dazu, sie in den Sessel zu setzen und ihr den Rollator außerhalb ihrer Reichweite zu verstecken, da sie ohne diesen nicht das Haus verlassen kann. Als später der Sohn Frau Müller abholt und die Situation erkennt droht er Ihnen mit einer Anzeige wegen Freiheitsberaubung.

Hätte er Aussicht auf Erfolg?

Objektiver Tatbestand:
Objektiv haben sie die Straftat begangen, da sie Frau Müller daran gehindert haben das Haus zu verlassen. In der Tat reicht es hierfür aus, sie durch Wegnahme von nötigen Hilfsmitteln daran zu hindern.

Subjektiver Tatbestand: Da können wir uns kurz fassen. Ja sie wollten wissentlich und vorsätzlich Frau Müller daran hindern die Tagespflege zu verlassen.

Rechtswidrigkeit:
Gab es rechtfertigende Gründe für Ihre Tat? Sie geben hierbei an, dass sie ja Frau Müller (und andere) durch ihr Handeln schützen wollten und die von Ihnen ergriffene Maßnahme die harmloseste war die zu ergreifen war. Sie verweisen auf die bereits geschehenen Ereignisse. Dies könnte man auch Grundsätzlich so sehen!

Aber nur dann, wäre es das erste Mal, dass dies geschehen ist. Da aber Frau Müller bereits mehrfach weggelaufen ist, hätte hier auch längst etwas geschehen müssen, wie zum Beispiel eine richterliche Anordnung oder ähnliches.

Neben dem strafrechtlichen käme hier unter Umständen der zivilrechtliche Aspekt noch hinzu. Eine Schadenersatzklage hätte keine Aussicht auf Erfolg, da Frau Müller ja nicht wirklich ein materieller Schaden entstanden ist. Ein Schmerzensgeld hingegen wäre möglich. Diese zivilrechtliche Klage würde sich natürlich dann gegen den Vertragspartner, also den Träger der Tagespflege richten, welcher auch dafür haften müsste, da sie als Verrichtungsgehilfe für ihn tätig sind und jemanden geschädigt haben.

Dieser könnte sie aber dann aber wieder für den ihm entstanden Schaden haftbar machen.

Sozialgesetzbücher

Wie der Name schon unschwer erkennen läßt, geht es in diesen Gesetzbüchern um Soziales. Zu dienen Bereichen gehören auch die Pflegeversicherung die im Sozialgesetzbuch 11 (SGB XI) verankert ist und die festlegt, wann jemand pflegebedürftig ist und wann er Ansprüche aus der Versicherung hat. Nicht jeder der Pflege benötigt hat nämlich diese Ansprüche.

Ansprüche hat nur derjenige, der eine Pflegestufe zugesprochen bekommen hat. Ob dies der Fall ist klärt in der Regel der Medizinische Dienst der Krankenkassen (MDK) ab (Bei Beamten und Knappschaftsversicherten gibt es entsprechende eigene Gutachter bzw. Dienste).

Zunächst muss die Pflegebedürftigkeit dauerhaft bestehen, das heißt voraussichtlich mindestens 6 Monate. Er muss eine tägliche Hilfe brauchen die mindestens 45 Minuten dauert. Dann erst ist man Pflegebedürftig, hat jedoch noch keinen Anspruch auf Leistungen. Diese hat man erst wenn man eine Pflegestufe bekommt. Diese sind nach SGB XI wie folgt gestaffelt:

Der Zeitaufwand für die Pflege muss

1. in der Pflegestufe I mindestens 90 Minuten betragen; hierbei müssen auf die Grundpflege mehr als 45 Minuten entfallen,

2. in der Pflegestufe II mindestens drei Stunden betragen; hierbei müssen auf die Grundpflege mindestens zwei Stunden entfallen,

3. in der Pflegestufe III mindestens fünf Stunden betragen; hierbei müssen auf die Grundpflege mindestens vier Stunden entfallen.

Zusätzliche Leistungen oder auch Leistungen ohne eine Pflegestufe haben Personen mit einer „eingeschränkten Alltagskompetenz" die der Gesetzgeber wie folgt beschreibt.

(...)mit demenzbedingten Fähigkeitsstörungen, geistigen Behinderungen oder psychischen Erkrankungen, bei denen der Medizinische Dienst der Krankenversicherung (...) Auswirkungen auf die Aktivitäten des täglichen Lebens festgestellt haben, die dauerhaft zu einer erheblichen Einschränkung der Alltagskompetenz geführt haben.

Diese Pflegestufe wird auch als Pflegestufe 0 bezeichnet.

Der PB oder seine Bevollmächtigten können sich dann entscheiden, wie sie die Leistungen erhalten möchten.

1. Als Pflegegeld, also sozusagen als Lohn für die geleistete Arbeit. Der PB erhält die Leistungen selber und muss damit seine Pflege regeln.
2. Als Sachleistung, wobei der Name irreführend ist, denn hierzu gehören z.B. mobile Pflegedienste. Die Pflegekasse bezahlt dann einen Pflegedienst der die Pflege übernimmt.
3. Kombileistungen als Mix aus den beiden oben genannten, falls ein Teil der Pflege durch Angehörige, ein anderer Teil durch einen Pflegedienst übernommen werden.

Folgende Leistungen werden hierbei als Pflegegeld gezahlt:

Pflegestufe	Leistungen 2014	Leistungen ab 2015
Pflegestufe 0	120	123
Pflegestufe I	235	244
Pflegestufe I (mit Demenz)	305	316
Pflegestufe II	440	458
Pflegestufe II (mit Demenz)	525	545
Pflegestufe III	700	728
Pflegestufe III (mit Demenz)	700	728

Als Pflegesachleistung werden gezahlt:

Pflegestufe	Leistungen 2014	Leistungen ab 2015
Pflegestufe 0	225	231
Pflegestufe I	450	468
Pflegestufe I (mit Demenz)	665	689
Pflegestufe II	1100	1144
Pflegestufe II (mit Demenz)	1250	1298
Pflegestufe III	1550	1612
Pflegestufe III (mit Demenz)	1550	1612

In Härtefällen können bis zu 1918 € (ab 2015: 1995 €) als Sachleistung gezahlt werden

Weitere Kostenübernahmen gibt es für die sogenannte Kurzzeitpflege. Dies ist dann der Fall, wenn sich der Zustand eines PB plötzlich verschlechtert und daher eine vollstationäre Pflege für einen gewissen Zeitraum (bis 4 Wochen) notwendig ist. Hierfür werden zur Zeit für die Pflegestufen I, II und III jährlich bis zu 1550,- € gezahlt. Pflegestufe 0 hat im Moment noch keinen Anspruch darauf. Ab 2015 haben alle Pflegestufen, also auch 0, dann einen Anspruch von bis zu 1612,- €

Bei Verhinderung des Pflegenden durch Krankheit oder Urlaub, zahlen die Kassen bis zu 1550,- € für die sogenannte Verhinderungspflege, ab 2015 1612,- €. Die Verhinderungspflege kann von allen Pflegestufen in Anspruch genommen werden (max. 4 Wochen pro Jahr).

All diese Leistungen sind Leistungen aus der Pflegeversicherung, auch wenn die Krankenkasse Ansprechpartner ist. Sie sind nicht zu verwechseln mit der „Häuslichen Krankenpflege", die Leistung der Krankenkasse ist, wenn man beispielsweise nach einer OP zu Hause auf Hilfe angewiesen ist.

Tod und Sterben

Dieses Thema ist für jeden, der sich damit beschäftigt ein sehr individuell. Die hängt in erster Linie damit zusammen, dass eigene Erfahrungen und auch Faktoren wie der Glauben eine sehr große Rolle spielen. Daher ist eine pauschale und allgemeingültige Aussage zu diesem Bereich eigentlich fast unmöglich. Selbstverständlich beschäftig sich jemand der mit diesem Thema nicht konfrontiert wird auch ganz anders damit, wie jemand der zum Beispiel in einem Hospiz arbeitet. Auch die persönlichen Erfahrungen und das Alter haben hierauf entsprechenden Einfluss.

Elisabeth Kübler-Ross hat sich mit dem Thema Sterben näher beschäftig und das Modell der „Fünf Sterbephasen" entwickelt. In diesen sind die ihrer Meinung nach auftretenden Verhaltensweisen aufgelistet die ein Sterbender durchläuft. Es sein an dieser Stelle angemerkt, dass dieses Modell nicht gänzlich ohne Kritiker dasteht und natürlich auch nicht zu 100% auf jeden Sterbenden anzuwenden ist, da auch hier natürlich die individuellen Gegebenheiten beachtet werden müssen. Phasen können bei dem einen PB Wochen oder Monate andauern, bei anderen PB nur Tage oder vielleicht Stunden. Auch ist es möglich, dass PB die Phasen in genau dieser Reihenfolge durchleben während wiederum andere zwischen den Phasen hin und her springen und diese auch mehrfach durchleben.

1. Phase Verleugnung, Nicht-Wahrhaben-Wollen
   Der PB welcher seine Diagnose erhält, kann diese nich glauben und ist über diese schockiert. Er sucht daher Fehler bei anderen, weshalb diese Diagnose nicht stimmen kann. Mögliche „Fehler" können hier laut PB die Ahnungslosigkeit der Ärzte, Vertauschte Akten, falsche Laborergebnisse, etc. sein.
   In dieser Phase kommt es häufig auch dazu, dass PB Zukunftspläne schmieden obwohl für sie das Thema Tod permanent im Raum steht. Wichtig ist es hier, dass durch Angehörige und Pflegende das Thema nicht durch stillschweigen versucht wird zu ignorieren, sondern auf die Signale des PB geachtet werden, die eine Gesprächsbereitschaft signalisieren. Wenn er diese signalisiert, sollte der PB darauf eingehen, da der PB sonst den Eindruck haben könnte, dass er über Ängste und Sorgen zu diesem Thema nicht reden dürfte.

2. Wut, Ärger Zorn
   Der PB hat nun verstanden, dass er sterben wird, was sich durch Wut und Zorn sowie Neid äußert. „Warum ich und nicht ein anderer?" sind Fragen die er sich stellen könnte. Aber auch die Wut gegen sich selber, weil er vielleicht Raucher war

oder durch anderes Verhalten seiner Meinung nach diese Situation verursacht hat. Seine Wut kann sich gegen alles und jeden richten, somit auch gegen Angehörige und Pflegende. Wichtig hierbei ist es, diese Wut nicht persönlich zu nehmen oder ihr gar mit eigener Wut zu begegnen. Dies würde nur eine Spirale von Streit nach sich ziehen. Trotzdem muss der Patient hierbei ernst genommen werden und nicht verschont werden, weil er ja „so ein armer Mensch" ist.

3. Verhandeln
   In der dritten Phase beginnt das Verhandeln mit den Ärzten, Gott und allen anderen. Plötzlich wird häufig gebetet, Versprechungen gemacht oder auch wenn es noch möglich ist eine Pilgerreise unternommen. Der PB versucht auch durch mit Ärzten und Pflegepersonal durch Versprechungen zu Änderungen in seinem Verhalten Zeit zu gewinnen (aufhören zu rauchen, gesündere Lebensweise etc.). Wichtig hierbei ist für Pflegende, die Wünsche ernst zu nehmen und auch zu unterstützen soweit es möglich ist, jedoch keine falschen Hoffnungen zu wecken.

4. Depression
   Die vorletzte Phase ist beim PB geprägt von einer inneren Leere, Traurigkeit und

dem Gefühl, dass alles nun sinnlos ist. Er trauert dem Vergangenen nach, bedauert all die Sachen die er nicht erlebt hat oder die er versäumt hat zu tun. Zwar gibt der PB die Hoffnung nicht auf, jedoch versuchen viele in dieser Phase Versöhnung mit Personen zu finden, mit denen man im Streit lebt und setzen ihr Testament auf. Auch wird in dieser Phase oftmals das eigene Sterben, soweit es möglich ist geplant. Palliative Versorgung oder Hospiz sind hier zu erwähnen. Einige der unerledigten oder auftretenden Probleme können nicht gelöst werden. Hier gilt es, dem PB ebenfalls keine falschen Hoffnungen zu machen und dem dadurch entstehenden Gefühlen Stand zu halten. Je weiter der PB in dieser Phase ist, desto mehr wird er sich zurückziehen.

5. Akzeptanz
Die letzte Phase ist geprägt von der Akzeptanz des Unabänderlichen. Der PB hat sein Schicksal akzeptiert und in dieses eingewilligt. Dies bedeutet zwar nicht, dass sämtliche Hoffnung erloschen ist, sie hat jedoch nur noch einen kleinen Stellenwert. Der PB zieht sich mehr und mehr zurück, schläft viel und will oft auch gar nicht mehr viel Besuch oder gar lange, tiefsinnige Gespräche führen. Dies stellt oft für Angehörige ein Problem dar, da sie sich

zurückgestoßen oder weggestoßen fühlen. Hier ist es wichtig, dass im Rahmen der ganzheitlichen Pflege die Angehörigen ebenfalls informiert und somit auch in diese Phase einbezogen werden. In vielen Fällen ist es für den PB wichtiger, dass es nicht alleine ist, als Gespräche zu führen und Trost zu finden.

Wie jedoch eingangs schon erwähnt, lassen sich diese Phasen nicht pauschalisieren und auch nicht als absolutes „Muss" festlegen. Letztendlich stirbt jeder seinen eigenen Tod, auf die Art und Weise, wie er es für richtig hält. Hauptaufgabe dabei muss es für Pflegende sein, dieses zu akzeptieren und zu respektieren. Es ist selbstverständlich, dass eine 90 Jahre alte Person, die ihr Leben so gelebt hat, wie sie es wollte und auch zufrieden damit ist, einen anderen Weg gehen wird, wie ein junger Mensch, der nun vielleicht seine Kinder nicht aufwachsen sieht. Auch der Eingangs angesprochene Bereich von Religion und Glauben muss durch die Pflegekraft entsprechend respektiert werden. Wenn diese vielleicht nicht an ein Leben nach dem Tod glaubt, der PB aber sich darauf freut nach dem Tod vielleicht geliebte Menschen wieder zu sehen die vor ihm verstorben sind, so haben wir das zu akzeptieren und vor allen zu respektieren. Eine Be- oder gar Verurteilung dieses Glaubens steht dem Pflegenden nicht zu. Sinnvoll ist es hier auch, wenn sich die Pflegekraft mit anderen

Glaubensrichtungen auseinander setzt, wenn sie Patienten hat die nicht der eigenen Religion angehören. Soziale und kulturelle Hintergründe spielen hierbei nämlich ebenfalls eine sehr große Rolle.

Arzneimittelkunde

„Alle Dinge sind **Gift***, und nichts ist ohne Gift; allein die Dosis machts, dass ein Ding kein Gift sei."* – Paracelsus, Arzt und Philosoph 1493-1641

Dieser Abschnitt über Arzneimittel kann nur einen ganz kleinen Einblick in die Arzneimittelkunde geben. Viel zu umfangreich ist dieses Thema, als das es hier detailliert beschrieben werden kann oder gar auf alle Medikamente eingegangen werden kann.

Zum Einstieg möchte ich zunächst die Bergriffe Arzneimittel und Medikament etwas genauer erklären, die im Allgemeinen oft gleich gesetzt werden.

Arzneimittel sind alle Stoffe, die ich einem Patienten zuführe, um eine bestimmte Wirkung zu erreichen. Dies kann sein

1. Linderung, Heilung oder Vorbeugung von Krankheiten
2. Funktionen zu korrigieren oder zu beeinflussen
3. Diagnosen zu erstellen

Ein Medikament wiederum ist ein Arzneimittel, welches zur Vorbeugung, Heilung, Linderung oder Diagnose dient.

Somit sind Medikamente alle zwar ein Arzneimittel, jedoch nicht jedes Arzneimittel

ein Medikament.

Kontrastmittel oder Blutpräparate zum Beispiel sind zwar Arzneimittel, jedoch keine Medikamente.

Für Arzneimittel gibt es strenge Auflagen, ehe sie in Umlauf gebracht werden dürfen. Sogenannte Fertigarzneimittel müssen bei der zuständigen Behörde (Bundesinstitut für Arzneimittel und Medizinprodukte) eine Zulassung beantragen. Bei einigen Ausnahmen wie homöopathischen Mitteln reicht auch eine reine Registrierung. Die entsprechenden Regelungen dazu sind im Arzneimittelgesetzt festgelegt. Alternativ zu den Fertigarzneimitteln gibt es noch Arzneimittel, die durch den Apotheker nach Rezeptur des Arztes (daher der Begriff Rezept) angefertigt werden. Auf Grund der Vielzahl der bereits fertigen Arzneimittel geschieht dies heute aber nur noch sehr selten.

Der Verkauf bzw. die Abgabe von Arzneimittel darf in Deutschland, wiederum mit nur wenigen Ausnahmen, nur über die Apotheke erfolgen. Das Arzneimittelgesetz regelt auch hier, welche Arzneimittel als „freiverkäufliche Arzneimittel" anzusehen sind und nicht nur in der Apotheke erhältlich sind. Alle anderen Arzneimittel gelten dann als apothekenpflichtig, bei diesen wiederum gibt es dann noch die verschreibungspflichtigen Arzneimittel, die der Apotheker nur dann ausgeben darf, wenn sie vom Arzt verordnet wurden.

Alle Arzneimittel müssen in Deutschland folgende Angaben als Kennzeichnung in deutscher Sprache haben:

- Handelsname/Bezeichnung
- Hersteller
- Art der Anwendung (z.B. Tablette zum Einnehmen)
- Zusammensetzung
- Herstellungs-, Haltbarkeits- und Verfallsdatum (Augensalben oder Säfte sind z.B. oft lange haltbar, aber laufen nach dem Öffnen innerhalb von einer bestimmten Frist ab)
- Zulassungsnummer
- Chargennummer (aus welcher Produktionsreihe die Verpackung ist, erleichtert die Rückverfolgung z.B. Rückrufen)
- Anwendungsgebiet
- Gegenanzeigen und Nebenwirkungen
- Wechselwirkungen mit anderen Arzneimitteln
- Verschreibungs- oder apothekenpflichtig

Arzneimittel können in verschiedenen Darreichungsformen vorliegen. Einige sind in der folgenden Auflistung aufgeführt und mit ihren Besonderheiten kurz erklärt.

- Tabletten
  Die Substanz ist in Form gepresst und entspricht jeweils einer gewissen Dosis, wodurch eine sehr genaue Dosierung möglich ist.
- Dragees
  Tabletten, jedoch mit einem Überzug, der das Schlucken erleichtert

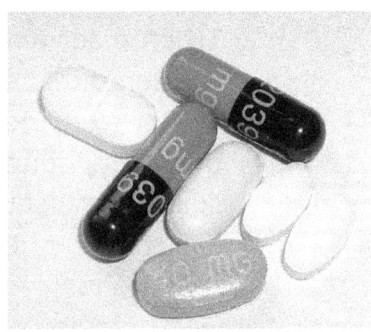
By Würfel [GFDL (http://www.gnu.org/copyleft/fdl.html) or CC-BY-SA-3.0 (http://creativecommons.org/licenses/by-sa/3.0/)], via Wikimedia Commons

- Kapseln
  Der Wirkstoff ist hierbei von einer Kapsel umschlossen. Diese ermöglicht das genaue Freisetzen an einer bestimmten Stelle, z.B. erst im Dünndarm und nicht bereits im Magen. Daher ist immer abzuklären ob bei Schluckproblemen die Kapsel geöffnet werden kann/darf.
- Brausetabletten
  Werden in Wasser aufgelöst, praktisch wenn feste Tabletten Probleme beim Schlucken bereiten.
- Tropfen
  Tropfen gibt es als flüssige Arznei zum Einnehmen oder zur äußerlichen Anwendung (Augen-, Nasen- Ohrentropen etc.) Vorteil bei Tropfen zum Einnehmen sind die individuellen Dosierungen. So kann das gleiche Medikament sowohl bei Kindern als auch bei Erwachsenen genutzt

werden.
Tropfen zur äußerlichen Anwendung werden direkt an der Stelle aufgebracht, an der sie wirken. Auf Grund der Gefahr der Übertragung von Krankheitserregern sollte immer nur eine Person das Fläschchen nutzen
- Injektionen
Das Arzneimittel wird in flüssiger Form direkt in der Körper injiziert. Entweder unter die Haut (subkutan, s.c.), in den Muskel (intramuskulär, i.m.) oder direkt in die Vene (intravenös, i.v.). In seltenen Fällen werden die Injektionen auch an anderen Stellen wie beispielsweise direkt in die Arterie gespritzt.
- Aerosole
Der Wirkstoff wird in feinste Partikel vernebelt und kann so durch Einatmung bis in das Lungengewebe vordringen und dort direkt wirken
- Arzneipflaster
Das Arzneipflaster wird auf die Haut geklebt und gibt seinen Wirkstoff mit und mit über die Haut an den Körper ab. Am bekanntesten sind hier sogenannte Schmerzpflaster, welche Morphin als Wirkstoff abgeben
- Zäpfchen, Vaginalzäpfchen und -tabletten
Diese, zumeist auf Basis eines fetthaltigen Trägers verabreichte Darreichungsform wird in Körperhöhlen eingeführt und geben

dann nach dem Auflösen durch die Körpertemperatur oder durch aufschäumen durch die Verbindung mit der Feuchtigkeit dort, ihren Wirkstoff frei, der durch die Schleimhäute auch schnell aufgenommen werden kann.

Neben diesen gibt es natürlich noch viele weitere Darreichungsformen wie Salben, Tinkturen, etc. mit deren Handhabung und Verabreichung man sich natürlich vorher immer vertraut machen muss.

Wichtig in diesem Zusammenhang ist es zu wissen, dass Medikamente ausschließlich durch einen Arzt verabreicht werden dürfen. Er kann die Verabreichung, zum Beispiel bei einer Bedarfsmedikation delegieren, also das Pflegepersonal anweisen diese dann zu geben, ein eigenständiges Verabreichen von Medikamenten ist den Pflegekräften jedoch nicht gestattet.

5-R-Regel / 6-R-Regel
Beim Stellen und Anreichen von Medikamenten muss man sich an die 5-R-Regel halten. Diese sagt auf was hierbei zu achten ist.

1. Richtiger Patient (Herr oder Frau Müller?)
2. Richtiges Medikament (Ass oder ACC?)
3. Richtiger Zeitpunkt (Vor, während, nach dem Essen?)
4. Richtige Applikationsart (oral, rektal?)

5. Richtige Dosis (1 oder 10 mg, Dosis je Tablette?)

Im Rahmen der Qualitätssicherung wurde diese Regel zunächst auf die 6-R-Regel erweitert, indem man den Punkt „Richtige Dokumentation" hinzufügte.

Weitere Punkte die stellenweise hinzugefügt wurden waren die richtige Anwendungsdauer, die richtige Aufbewahrung sowie die richtige Entsorgung.

Ebenfalls wichtig zu wissen sind Faktoren, die die Einnahme und die Wirkung von Medikamenten beeinflussen können. Bei Schluckproblemen kommt es häufig vor, das Kapseln geöffnet werden und dann der Inhalt mit einem Löffel Joghurt dem Patienten zugeführt wird. Das stellt kein Problem dar, wenn dies mit dem Medikament möglich ist. Ist jedoch die Kapsel dazu da, damit der Wirkstoff im Magen nicht von der Magensäure zerstört wird und erst im Dünndarm wirkt, sieht dies schon anders aus. Ebenso können Milch oder auch Säfte die Wirkung beeinflussen.

Auch der Zeitpunkt im Zusammenhang mit dem Essen kann bei einigen Medikamenten sehr wichtig sein. Pantoprazol zum Beispiel, ein Mittel welches die Magensaftproduktion hemmt, muss zwingend vor dem Essen eingenommen werden. Wird es während oder nach dem Essen eingenommen, hat die Magensaftproduktion bereits begonnen, ehe der Wirkstoff diese hemmen kann.

Infektionskrankheiten

Von einer Infektionskrankheit spricht man dann, wenn durch einen krankheitserregenden Organismus eine Krankheit hervorgerufen wird. Hierfür gibt es verschiedene Erreger.

Viren

Viren sind einzellige Organismen, welche weder einen eigenen Stoffwechsel habe, noch sich selber vervielfältigen können. Sie heften sich in im infizierten Patienten an eine Zelle an und übertragen dann ihr Erbmaterial in diese. Die Wirtszelle nutzt nun bei der Vermehrung die DNA des Virus und erstellt so einen neue Viruszelle. Beim Verlassen der Wirtszelle wird diese dann ganz oder teilweise geschädigt und stirbt ab. Auf Grund der Tatsache, dass Viren sich nicht eigenständig vermehren können und auch keinen eigenen Stoffwechsel haben werden sie nur sehr bedingt zu Lebensformen gezählt.

Beispiele für Krankheiten durch Viren sind:

- Windpocken (Varizella)
- Röteln (Rubella)
- Mumps (Parotitis epidemica)
- Kinderlähmung (Poliomyelitis)

- Masern (Morbilli)
- AIDS (acquired immune deficiency syndrome)
- Lippenherpes (Herpes labialis)
- Gürtelrose (Herpes zoster)
- Leberentzündung (Hepatitis)
- Drüsenfieber (Pfeiffersches Drüsenfieber)
- Tollwut (Rabies)
- Erkältung (Coryza)
- Grippe (Influenza)

Bakterien
Bakterien sind ebenfalls einzellige Lebewesen, die jedoch im Gegensatz zu Viren sowohl einen eigenen Stoffwechsel haben und sich auch durch Teilung vermehren können. Auch haben sie die Möglichkeit sich selber fortzubewegen.

Bakterien sind nicht so schlecht, wie es ihr Ruf erahnen oder vermuten lässt. Einige sind an und in unserem Körper sogar überlebenswichtig, da sie wichtige Aufgaben wie zum Beispiel bei der Verdauung spielen. Wissenschaftler schätzen, dass 1,5 kg unseres Körpergewichtes durch solche Bakterien aber auch andere Mikroorganismen ausgemacht wird.
Problematisch und krankheitsverursachend werden Bakterien meistens dann, wenn sie sich in an Stellen befinden, an denen sie nicht hingehören. Als Beispiel seien hier Darmbakterien genannt, die durch Verletzungen in die Blutbahn gelangen.

Beispiele für Krankheiten durch Bakterien sind:

- Scharlach (Scarlatina)
- Keuchhusten (Pertussis)
- Hirnhautentzündung (Meningitis)
- Lyme-Borreliose
- Tetanus
- Tuberkulose
- Clostridien
- MRSA
- Syphilis

Pilzinfektionen
Pilze verbreiten sich durch die Produktion von Pilzsporen. Diese sind sehr klein und kommen überall um uns herum vor. Die Pilzsporen, die die häufigsten Formen von Hautpilz verursachen können, findet man am häufigsten in Sporthallen, Schwimmbädern und anderen öffentlichen Plätzen.

Eine Pilzinfektion wird Mykose genannt. Die Pilzsporen können zu Pilzen wachsen, wenn die Umstände dafür gegeben sind. Oft ist dies eine warme und feuchte Umgebung (Füße, Leistenbeuge), oder ein warmes Klima. Manchmal können Pilzinfektionen zu roten, schmerzhaften Beulen und Entzündungen der Haut führen. Mykosen sind in der Regel nicht ernsthaft, jedoch ansteckend, oft unangenehm und vor allem hartnäckig, so dass diese langwierig behandelt werden müssen um ein wiederholtes Auftreten zu vermeiden.

Protozoen
Protozoen sind einzellige tierische Organismen und pflanzen sich über einen Zwischenwirt fort. In diesem Zwischenwirt entwickeln sie die Eigenschaft Menschen krank zu machen. Beispiele dieser durch Protozoen verursachten Krankheiten sind:

- Malaria
- Toxoplasmose

Würmer
Ebenfalls von Infektionserkrankungen spricht man beim Befall mit Würmern. Hier als Beispiel zu nennen der Bandwurm oder Spulwurm. Die Infektion erfolgt durch die Aufnahme der Eier. Wurminfektionen sind zunächst nicht ernsthaft, können aber sehr lästig sein und durch starkes Wachstum der Würmer zum Verschluss des Darms führen. Auch nutzen die Würmer die aufgenommene Nahrung, weshalb es zu Gewichtsverlusten kommen kann.. Eine Ansteckung kann man verhindern, indem man hygienische Maßnahmen, wie Hände waschen, Fingernägel kürzen, Gemüse gut zu waschen etc. trifft. Das Essen von rohem Fleisch ist ein Risiko, das vermieden werden muss, wenn häufig Wurminfektionen auftreten. Kinder können eine Infektion mit dem Hunde- oder Katzenspulwurm bekommen, wenn sie in einem Sandkasten spielen, der Hunden und Katzen als Toilette dient. Mit guten hygienischen Maßnahmen und

Medikamenten ist eine Wurminfektion schnell überwunden.

Ernährung

Nährstoffe und ihre Aufgaben
Nährstoffe werden durch den Körper aufgenommen, um die Funktionen des Körpers zu ermöglichen, wie zum Beispiel das Wachstum, die Bewegung, die Atmung und die Fortpflanzung.

Die Nährstoff haben innerhalb des Körpers verschiedene Funktionen, einige dienen als Energielieferanten oder Baustoffe, andere dem Schutz des Organismus.

Energielieferanten wie Kohlenhydrate versorgen den Körper mit der benötigten Energie. Bei ihrer Verarbeitung wird Energie freigesetzt, die für die Muskelarbeit, das Halten der Körpertemperatur, den Stoffwechsel und viele andere Funktionen des Organismus verwendet wird. Hauptlieferant für Energie sind Kohlenhydrate aber auch Fette können vom Körper genutzt werden. Nur wenn es zu einem Mangel dieser beiden Stoffe kommt, beginnt der Körper Eiweiße in Energie umzuwandeln.

Eiweiße sind für den Organismus wichtig, um sich entwickeln zu können und um neue Zellen zu bilden, defekte zu ersetzen oder diese zu reparieren. Neben den Eiweißen benötigt der Körper aber auch Mineralien, zum Beispiel für den Aufbau der Knochen.

Fette sind für den Körper aus mehreren Gründen wichtig. Eine Aufgabe ist es ein Polster anzulegen, welches den Körper und auch Organe schützend umgibt. Dies dient der Polsterung als auch der Isolation. Eine weitere Aufgabe ist aber wie bereits angesprochen auch die Lieferung von Energie.

Vereinfach kann man sich merken:

Kohlenhydrate sind Energielieferant für die schnelle Energiegewinnung

Eiweiße sind Bausteine zum Aufbau des Körpers (z.B. Muskelaufbau)

Fette dienen der Polsterung und der Energiegewinnung (Energiereserve)

Energiebedarf
Die offizielle Maßeinheit der Energie ist Kilojoule. Trotz der Umstellung vor vielen Jahren, hat sich die Maßeinheit Kalorie bzw. Kilokalorie (kcal) nicht aus dem Bereich der Ernährung vertreiben lassen und ist bei uns immer noch die am ehesten genutzte Einheit.

Die Berechnung des Grundbedarfs (GB) an Energie ist ziemlich einfach, denn man braucht jede Stunde 1kcal pro Kilogramm Körpergewicht.

Ein 80 kg schwerer PB braucht also 80 kcal pro Stunde, also 1920 kcal pro Tag. Hiermit ist aber lediglich der Grundbedarf gedeckt, also das was der Körper braucht nur um die lebenswichtigen Funktionen aufrecht zu erhalten. Hinzu kommt der Bedarf in Abhängigkeit von seiner Tätigkeit. Hierzu addiert man zusätzlich zum Grundbedarf bei

- Leichter Tätigkeit 1/3 des GB
- Mittelschwerer Tätigkeit 2/3 des GB
- Schwere Tätigkeit 3/3 des GB

Daraus würde sich für den PB mit 80 kg folgende Rechnung ergeben.

Bei leichter Tätigkeit 1920 kcal + 640 kcal = 2560 kcal

Bei schwerer Tätigkeit 1920 kcal + 1280 kcal = 3200 kcal

Bei schwerer Tätigkeit 1920 kcal + 1920 kcal = 3840 kcal

BMI
Der Body-Maß-Index wird genutzt um das Verhältnis zwischen Körpergröße und Gewicht in einen messbaren Wert zu bringen. Hierdurch erreichen wir einen auf alle Personen anwendbaren Wert. Dies wäre alleine auf Grund des Gewichts ja nicht möglich, da eine Frau mit 1,60 m Größe natürlich mit 90 kg anders zu bewerten ist als ein Mann bei 2 m und dem selben Gewicht.

Die Formel für die Berechnung lautet:

Körpergewicht in Kilogramm geteilt durch Körpergröße in Metern zum Quadrat also

BMI = x KG / (y m * y m)

Wobei: x=Körpergewicht in KG y=Größe in m

Beispiel für 175 cm Körpergröße und 70 kg Gewicht:

BMI = 70 / (1,75 * 1,75) = 22,86

Auf Grundlage der WHO ergibt sich aus diesem Wert folgende Bedeutung für den BMI

Normalgewicht	19–24,9
Übergewicht	25–29,9
Adipositas / Fettsucht Grad I	30–34,9
Adipositas / Fettsucht Grad II	35–39,9
Adipositas / Fettsucht Grad III	≥ 40

Es gibt auch Tabellen, welche das Alter mit in diese Bewertung einspielen lassen, da sich herausgestellt hat, dass ein etwas höherer BMI mit steigendem Alter sich durchaus positiv auf die Lebenserwartung und den Gesundheitszustand auswirkt.

Auch für Kinder gibt es hier natürlich gesonderte Tabellen!

Demenz

Bei der Arbeit und im Umgang mit älteren Personen spielt die Demenz eine immer größere Rolle. Die Anzahl der an Demenz erkrankten Personen nimmt in Deutschland dabei momentan stetig zu. Man schätzt, dass zurzeit etwa 1,5 Mio. Menschen über 65 Jahren an Demenz erkrankt sind. Hinzu kommen die Demenzformen, die auch in jüngeren Jahren auftreten können, also zum Beispiel durch Drogen- oder Alkoholmissbrauch.

Zunächst unterscheiden wir die Demenz in zwei große Gruppen, die primäre und die sekundäre Demenz.

Primäre Demenz

Zur Gruppe der primären Demenz zählen alle Demenzformen die ihren Ursprung direkt im Gehirn haben. Die bekannteste und häufigste Form hierbei ist die Alzheimerdemenz mit rund 60%. Weitere Formen sind vaskuläre (gefäßbedingte) Demenzen, die Lewy-Körperchen-Demenz und die Frontotemporalen Demenzen. Eine weitere, jedoch seltene Form ist die Creutzfeld-Jakob-Krankheit.

Sekundäre Demenzen

Sekundäre Demenzen haben ihren Ursprung in einer anderen Krankheit, sind also die Folge einer anderen Erkrankung. Krankheiten die eine solche Demenz verursachen können sind Stoffwechselerkrankungen,

Vergiftungserscheinungen durch Medikamenten-Drogen und Alkoholmissbrauch, Vitaminmangelzustände oder auch Depressionen. Aber auch Hirntumore oder eine Abflussstörung der Hirnrückenmarksflüssigkeit können ebenfalls ursächlich sein.

Alzheimer Demenz
Die Demenzform ist benannt nach Alois Alzheimer, der sie als erstes beschrieben hat. Sie tritt in der Regel bei älteren Personen auf und nur sehr selten unter 60 Jahren. Bei dieser Form ist ein langsamer Zerfall der Nervenzellen im Gehirn die Ursache, bei der sich die für die Krankheit typischen Eiweißablagerungen bilden.

Kennzeichnend sind Gedächtnis- und Orientierungsstörungen, Sprachstörungen, Störungen des Denk- und Urteilsvermögens sowie Veränderungen der Persönlichkeit die mit Fortschreiten der Erkrankung immer stärker werden.

Die Alzheimer Demenz unterteilt man in drei Grade.

Leichtgradige Demenz: Der Patient hat zunehmende Probleme mit dem Kurzzeitgedächtnis, erinnern sich also nicht mehr an das, was vor kurzem war. Dies führt dazu, dass Sachen verlegt werden, sich an Gespräche nicht mehr erinnert werden kann und die Selbständigkeit hierdurch stark beeinflusst wird.

Die Patienten nehmen diese Probleme jedoch noch war und versuchen durch Tricks ihre Fassade zu wahren.

Mittelschwere Demenz: Die Beeinflussungen haben solche Auswirkungen, dass ein selbständiges Leben nicht mehr möglich ist. Auch nehmen die Patienten in dieser Phase bereits nicht mehr war, dass sie an der Erkrankung leiden. Oftmals kommt es hierbei auch dazu, dass die Patienten der Meinung sind, dass sie noch jünger sind, wollen zur Arbeit oder ihrer in dieser Zeit übliche Tätigkeit nachgehen. Rastlos laufen sie dann umher, suchen ihre Aufgaben oder Familienangehörige die vielleicht längst verstorben sind. Die Phase ist auch für Angehörige und Pflegepersonal sehr belastend, da stets dieselben Fragen gestellt werden oder die gleichen, für den Gesunden sinnlos erscheinenden Tätigkeiten verrichtet werden.

Schwere Demenz: Die Patienten verlieren zunehmend ihre Fähigkeiten zur Sprache sowie der selbständigen Bewegung. Hierdurch werden sie irgendwann bettlägerig und es kann zu Kontrakturen kommen. Es besteht eine hohe Anfälligkeit für Infektionen (z.B. Pneumonie) die auch dann häufig Todesursache ist.

Creutzfeld-Jakob-Krankheit
Diese wird oftmals auch als menschliche Variante des BSE (Rinderwahnsinn) bezeichnet, zum einen, da sie sich sehr ähnlich sind, zum anderen,

da es auch eine Form gibt, bei der man vermutet, dass sie durch eine Infektion mit dem Erreger von BSE auftritt. Alle Formen dieser Erkrankung führen zu einem raschen, schwammartigen Degeneration (Veränderung) des zentralen Nervensystems. Der Verlauf der Krankheit ist meist sehr schnell und kann nicht medikamentös aufgehalten werden, sondern es kann nur symptomatisch (z.B. bei Muskelkrämpfen) entgegengewirkt werden. In den meisten Fällen führt die Krankheit innerhalb von 6 bis 12 Monaten zum Tod.

Vaskuläre Demenz
Diese Form der Demenz entsteht, wie der Name schon sagt, durch die Störung der Hirndurchblutung. Bedingt durch Veränderungen der Hirnarterien oder Thromben kommt es zu vielen kleinen Unterversorgungen mit Sauerstoff im Gehirn. Diese Stellen sterben ab, so dass allgemein immer mehr Hirngewebe abstirbt und hierdurch die Demenz entsteht. Medikamentös wird hierbei durch Blutverdünner versucht weitere Schädigungen zu vermeiden, abgestorbene Areale können aber nicht wieder aktiviert werden.

Lewy-Körperchen-Demenz
Diese Form der Demenz ähnelt der Alzheimer-Demenz sehr stark und ist nur schwer zu unterscheiden. Auch Mischformen der beiden Erkrankungen werden angenommen, sind aber

bisher nicht abschließend geklärt. Eventuell erkennbar und hierdurch etwas abgrenzbar wird die Krankheit durch Halluzinationen die teilweise sehr detailliert sind, Schwankungen in der geistigen Fähigkeit und/oder leichte Symptome die an die Morbus Parkinson erinnern.
Bei den Lewy-Körpern handelt es sich um runde Proteineinschlüsse im Zytoplasma (= gesammte Inhalt einer Zelle) in Nervenzellen. Diese sind auch bei Patienten mit Morbus Parkinson post mortem (=nach dem Tod) nachweisbar, jedoch an anderen Stellen. Während bei Morbus Parkinson diese Lewy-Körperchen eher in der schwarzen Substanz des Mittelhirn zu finden sind, findet man sie bei der Lewy-Körperchen-Demenz am ehesten im Hirnstamm und der Großhirnrinde.

Frontotemporale Demenz (FTD)
Hierbei beginnt der Zerfall der Zellen zuerst im frontotemporalen Bereich des Gehirns (Stirn- und Schläfenbereich). Die Besonderheit hierbei ist, dass dort das soziale und emotionale Verhalten des Patienten kontrolliert wird und somit die Krankheit mit einer Veränderung der Persönlichkeit einhergeht. Die Patienten sind oftmals sehr aggressiv und beleidigend, was diese Form auch für die Familie und Pflegenden sehr belastend macht. Hinzu kommen Auffälligkeiten wie ungezügeltes Essen oder auch Teilnahmslosigkeit. Die Spanne der Altersgruppe

hierbei geht von 20 bis 85 Jahre, wobei der Beginn meist zwischen 50 und 60 Jahren liegt.

Korsakow-Syndrom
Bei dieser (sekundären) Form der Demenz haben die Patienten extreme Probleme sich Sachen zu merken. Diese Störung der Fähigkeit Informationen abzuspeichern versuchen sie durch Erfindungen zu überspielen bzw. diese Erinnerungslücken hierdurch aufzufüllen. Wichtig zu wissen ist dabei, dass es sich nicht um absichtliches lügen handelt, denn dies ist den Betroffenen gar nicht bewusst. Sie sind oftmals sehr stark in ihrer sozialen und alltäglichen Kompetenz gestört, so dass ein eigenständiges Leben fast unmöglich wird.

Auch wenn die Hauptursache bei dieser Form der Demenz in einem extremen und meistens jahrelangem Alkoholmissbrauch liegt, so ist es nicht die einzige Ursache. Auch Drogen, Gifte, Hirnentzündungen oder schwere Schädel-Hirn-Traumen können ursächlich sein.

Umgang mit Demenzkranken

Zu diesem Bereich kann man problemlos ebenfalls Bücher füllen und auch hier gibt es natürlich die unterschiedlichsten Theorien. Einig sind sich jedoch all diese Theorien darin, dass es keine Patentlösungen für die Probleme gibt, die mit der Erkrankung auftreten. Wenn überhaupt gibt es einige Grundregeln die man kennen sollte, die jedoch ebenfalls von Patient zu Patient sehr unterschiedlich sein können.

Allgemein kann man jedoch sagen, dass es sowohl für Angehörige, aber natürlich auch für Pflegepersonal zunächst sehr wichtig ist, sich mit den jeweiligen Formen der Demenz, ihrem Verlauf und den zu erwartenden Problemen genauestens auseinander zu setzen und sich zu informieren. Dies bewahrt zum einem vor Überraschungen im Verlauf als auch vor unbegründeter Hoffnung auf Besserung oder gar Heilung.

Des Weiteren muss man lernen, dass das vom Betroffenen erzählte für ihn tatsächlich so ist. Egal ob es sich um Halluzinationen handelt oder es sich um Dinge handelt die der Patient erledigen möchte oder die er glaubt erlebt zu haben. Wenn also die 90-jährige Frau Müller der Meinung ist, ihr Sohn kommt jetzt gleich von der Schule und sie muss deshalb dringend nach Hause damit er nicht vor verschlossener Türe steht, dann ist dies eine für sie tatsächlich vorhandene Notlage. Stellen wir uns nur selber einmal vor, wir wüssten, dass ein eigenes Kind vor verschlossener Türe steht und nicht weiß was es machen soll. Genau dieses Gefühl hat Frau Müller gerade in diesem Moment. Diese Angst müssen wir erkennen und vor allem als wahr und wirklich vorhanden akzeptieren, denn für Sie sind sie real!

Versuche diese Ängste als unbegründet abzutun, beispielsweise durch Erklärungen, dass ihr Sohn doch bereits selber ein älterer Mann ist, sind für die Betroffene nicht nachzuvollziehen und wären somit sinnlos. Sie würden eher das Gegenteil bewirken, da neben der vorhanden Angst nun auch noch die Angst und Sorge hinzu kommt, dass man ihr keinen Glauben schenkt. Nehmen sie also die Angst ernst und versuchen sie darauf einzugehen. Hierbei kann man unterschiedliche Wege gehen, jedoch niemals ohne die Betroffenen dort wo sie gerade sind „abzuholen". Ein Beispiel für diesen Fall wäre es die Ängste/Sorgen von Frau Müller zu erkenne und ihr zu verdeutlichen, dass wir sie verstehen. Benennen sie die Ängste und Sorgen indem sie diese wiederspiegeln durch Sätze wie „Sie sind in großer Sorge", „Sie sind sehr unruhig deswegen" oder auch „Da kann man sich auch Sorgen machen". Anschließend helfen häufig Lebensweisheiten und Sprüche die den Betroffenen bekannt und vertraut sind. Beispiele hier wären „Kleine Kinder, kleiner Sorgen (…..)" oder Bestätigungen wie „Sie sind eine sehr pflichtbewusste Mutter". Aus diesem so aufgebauten Gespräch kann Frau Müller dann eventuell gut wieder in den Tagesablauf übergehen indem man sie vorsichtig an eine vielleicht sogar themenbezogene Tätigkeit heranführt z.B. Kartoffeln schälen, da ja das Essen fertig werden muss oder Mithilfe bei sonstigen Vorbereitungen.

Diese Form der Akzeptanz und des Wahrhabens nennt man Validation und ist ein Ansatzpunkt der selbstverständlich eine gewisse Übung und soziale Kompetenz erfordert, jedoch auch kein „Allheilmittel" ist und jede Situation wie gewünscht löst.

Hier noch einige Tipps zum Umgang mit Erkrankten in Stichworten:

- Keine übertriebene Hilfsbereitschaft, manches dauert nun eben etwas länger, lassen sie ihm/ihr die Zeit etwas selber zu schaffen.
- Strukturierte Tagesabläufe helfen dem Patienten sich zu Recht zu finden.
- Ständige Fragen sind keine Schikane, eher ein Zeichen für Ängste oder Unsicherheit
- Sehen sie nicht die verlorenen Fähigkeiten sondern die noch vorhandenen. Dies stärkt auch das Selbstwertgefühl des Patienten.
- Wenn die Sprache als Mittel der Kommunikation nicht mehr gut genug funktioniert, nutzen sie nonverbale Möglichkeiten wie Handzeichen oder auch Blicke

Anhang

Leistungen der Behandlungspflege

- Absaugen
- Anleitung bei der Krankenpflege in der Häuslichkeit
- Beatmungsgerät, Bedienung und Überwachung
- Blasenspülung
- Blutdruckmessung
- Blutzuckermessung
- Dekubitusbehandlung
- Drainagen, Überprüfen und Versorgen
- Einlauf, Klistier, Klysma, digitale Enddarmausräumung
- Flüssigkeitsbilanzierung
- Infusionen, i.v.
- Inhalation
- Injektionen und Richten von Injektionen
- Kälteträger auflegen
- Katheter, Versorgung eines suprapubischen
- Katheterisierung der Harnblase zur Ableitung des Urins
- Krankenbeobachtung, spezielle
- Magensonde, Legen und Wechseln
- Medikamentengabe
- PEG-Sondenversorgung
- Psychiatrische Krankenpflege
- Stomabehandlung

- Trachealkanüle, Wechsel und Pflege
- Venenkatheter (Port), Versorgung
- Verbände

Leistungen der Grundpflege

1. Körperpflege
- Waschen
- Duschen
- Baden
- Zahnpflege
- Kämmen
- Rasieren
- Darm- und Blasenentleerung

2. Ernährung
- Mundgerechtes Zubereiten der Nahrung
- Aufnahme der Nahrung

3. Mobilität
- Selbständiges Aufstehen und Zubettgehen
- Umlagern
- An- und Auskleiden
- Gehen
- Stehen (Transfer)
- Treppensteigen
- Verlassen und Wiederaufsuchen der Wohnung *(auch anfallenden Warte- und Begleitzeiten*

4. Prophylaxen
- Dekubitusvorsorge
- Thromboseprophylaxe

- Kontrakturprophylaxe
- Vorsorge vor Infekten (Lungenentzündung)
- Verhinderung von Zahn- und Zahnfleischerkrankungen
- Vermeidung von Flüssigkeitsdefiziten (Austrocknung)
- Vorbeugung von Pilzerkrankungen
- Verhinderung von Mangelernährung
- Intertrigo (Wundsein) vermeiden
- Aspiration (Schluckstörungen) erkennen
- Sturzprophylaxe

5. Förderung
- Übungen zur eigenständigen Körperpflege
- An- und Ausziehtraining
- Esstraining
- Toilettentraining
- Gedächtnistraining
- Basale Stimulation
- Anleitung zur Bewältigung des Alltages
- Hilfe zur Krisenbewältigung
- Psychosoziale Betreuung
- Hilfe bei Einkäufen im Geschäft und auf dem Markt
- Hilfe zur Aufrechterhaltung bestehender sozialer Kontakte
- Hilfe zum Aufbau sozialer Kontakt

Stichwortverzeichnis

5-R-Regel / 6-R-Regel 164
ABEDL 51
Ablagerungen 91, 92, 99, 101
Adipositas 174
AED 98, 99
Alltagskompetenz 149
Alveolen 117, 125
Alzheimer 176, 178
Amnestische Aphasie 113
Anamnese 46, 48, 49, 55
Anatomie 63
Angina Pektoris 101
Antigene 69, 83
Anwendungsgebiet 161
Aorta 74, 76, 79
Aortenbogen 76, 79
Aortenklappe 74, 79
Aphasien 112, 113, 114
Apoplex 42, 95, 106, 107, 112, 114
Arterien 76, 79, 80, 88, 92, 94, 95
Arteriolen 77, 79
Arteriosklerose 92
Arzneimittel 159, 160, 161, 163
Arzneimittelkunde 159
Asthma Bronchiale 123, 124
Atemfrequenz 120
Atemzentrum 119
Atherosklerose 92
Atmung 56, 72, 98, 116, 118, 119, 120, 121, 123, 137, 171
Atmungssystem 67, 115
Ausscheidungssystem 127
automatisierten externen Defibrillator 98
AV-Knoten 74
Bakterien 132, 167, 168
Bauchspeicheldrüse 127, 130, 133
Beckengürtel 142
Behandlungspflege 15
Bereichspflege 36
Bewohnerzimmer 40
Bezugspflege 37, 38
Bindegewebe 64, 66, 138
biologische Alter 21

Blase 127, 136
Blutdruck 37, 85, 86, 88, 89
Blutdruckkontrolle 87
Blutgruppen 83
Bluthochdruck 91
BMI 173, 174
Broca 113, 114
Bronchien 116, 121, 123, 124
Bronchitis 121, 122
Brustbein 72, 102, 142
chronologische Alter 21
Cor 72
Creutzfeld-Jakob 175, 177
Defibrillation 97
Demenz 146, 150, 151, 175, 176, 177, 178, 179, 180, 181
Diabetes 91, 134
Diastole 74, 75
Dickdarm 127, 131, 132
Dokumentation 53, 54, 60, 61, 165
Dünndarm 130, 131, 132, 162, 165
Eiweiße 133, 171, 172
Embolie 93, 94
Enddarm 132
Energiebedarf 71, 172
Epithelgewebe 64, 66
Ernährung 22, 23, 91, 93, 105, 171, 172, 186
Erythrozyten 82, 83
Extrasystolen 96
Fette 130, 133, 171, 172
Freiheitsberaubung 144, 145, 146
Funktionspflege 37
Galle 134
Gallenblase 130, 134
Gegenanzeigen 161
Gesichtsschädel 142
Gewebe 63, 64, 65, 66, 95, 104, 106
Golgi-Apparat 71
Grundpflege 15, 16, 17, 149, 186
Harnleiter 136
Harnröhre 137
Haut 64, 67, 117, 123, 137, 138, 139, 163, 168
Hemiparese 107
Herz 67, 72, 74, 80, 91, 93, 94, 96, 97, 101, 103, 104, 116, 117

Herzinfarkt 93, 95, 101, 102, 103
Herzinsuffizienz 103, 104
Herzrhythmusstörungen 96
Hilfsmittel 22, 27, 44
Hirnblutung 108
Hirninfarkt 95, 108
Hirnschädel 142
Hirnstamm 119, 179
HIS-Bündel 75
Hohlvene 74, 77, 79
Hygiene 23
Hypertonie 89
Hypotonie 89
Individuelle Bedürfnisse 28
Infektionskrankheiten 166
Kammer 73, 74, 76, 77, 79, 97, 103
Kammerflattern 97
Kammerflimmern 97
Kapillare 77, 79, 119
Kehldeckel 120
Kehlkopf 86, 116, 120
Knochen 64, 142, 143, 171
Kohlenhydrate 129, 133, 135, 171, 172
Kommunikation 9, 30, 31, 32, 34, 183
Korotkoff 88
Korsakow 180
Krankheit 13, 14, 16, 87, 89, 152, 166, 175, 176, 177, 178, 179
Kreislaufstillstand 96, 97
Krohwinkel 47, 51, 52
Krummdarm 131
Kübler-Ross 153
Leber 127, 134, 135, 137
Lederhaut 137, 138
Leerdarm 130
Leistungs- / Tätigkeitsnachweis 57
Leukozyten 82, 132
Lewy-Körperchen 175, 178, 179
Linksherzinsuffizienz 103, 104
Luftröhre 116, 120
Lunge 72, 74, 77, 79, 80, 94, 104, 116, 117, 118, 120, 137
Lungenarterie 77, 79
Lungenbläschen 77, 117
Lungenembolie 94, 95

Lungenflügel 116, 117
Lungenvene 78, 79, 80
Lyse 109
Magen 127, 129, 130, 162, 165
Magensäure 129, 130, 165
Magenschleimhaut 130
Maslow 25, 26, 27, 28
Medikament 139, 140, 159, 160, 162, 164, 165
Mikrovilli 69
Mitochondrien 71
Mitralklappe 74, 79
Mittelfell 117
Mund 107, 116, 127, 129
Muskelgewebe 65, 66
Muskulatur 65, 81, 119, 139
Nebenwirkungen 161
Nervengewebe 65, 66
Nieren 127, 135, 137
oberen Hohlvene 77
Oberhaut 137, 138
objektive Tatbestand 144, 145
Organismus 63, 64, 67, 85, 166, 171
Organsysteme 66
Pathologie 63
Pflegebedürftigkeit 148
Pflegedokumentation 45, 54
Pflegeeinrichtung 35, 38
Pflegegeld 150
Pflegeplanung 45, 48, 50, 52, 111
Pflegeregelkreis 45
Pflegesachleistung 151
Pflegestufe 16, 148, 149, 150, 151
Physiologie 63
Physiologische Grundbedürfnisse 25, 26
Pilzinfektionen 168
Pleuraflüssigkeit 117
Pneumonie 111, 124, 125, 177
Primäre Demenz 175
Protozoen 169
Psychosoziale Aspekte 18
Pulmonalklappe 74, 79
Puls 37, 56, 81, 85, 86, 87, 101
Purkinjefasern 75
Rechtsherzinsuffizienz 103, 104

Rechtskunde 144
Rechtswidrigkeit 144, 145, 147
Reizweiterleitungssystem 75
Ressourcen 46, 56, 58
Rhesusfaktor 84
Ribosome 70
Rippen 117, 118, 142
Röhrenknochen 142
Schaufensterkrankheit 92
Schenkelhalsbruch 42, 143
Schlaganfall 93, 95, 105, 106, 107, 108, 109
Schlaganfallrisiko 100
Schulz von Thun 33
schwarzen Substanz 179
Segelklappen 74
Sekundäre Demenzen 175
Selbstverwirklichung 25, 28
Sesambein 142
Sexualität 51
Sicherheitsbedürfnisse 25, 26, 27
Sinusknoten 74
Skelett 67, 142, 143
Sodbrennen 130
soziale Alter 22
Soziale Kontakte 27, 52
Speiseröhre 65, 127, 129, 130
Stammdaten 55, 59
Sterben 153, 156
Stolperfallen 42
Straftat 144, 145, 146
stummer Infarkt 103
subjektive Tatbestand 144
Subkutane Injektion 139
Systole 75
Taschenklappen 74
Tawara-Schenkel 75
Thrombose 93, 94, 95
Thrombozyten 83, 94
TIA 108
Tod 27, 37, 52, 153, 154, 157, 178, 179
Trikuspidalklappe 74, 79
Überleitungsbögen 59
unteren Hohlvene 77
Unterhaut 137, 139

Validation 183
Venen 76, 79, 80, 94
Venenklappen 81
Venolen 77, 79
Verdauungssystem 67, 127
vier Ebenen 32, 33, 34
Viren 166, 167
Vorerkrankungen 55, 114
Vorhof 73, 74, 77, 78, 79, 99
Vorhofflimmern 99, 100
Watzlawick 32
Weltgesundheitsorganisation 13
Wernicke 113
WHO 13
Wirbelsäule 135, 142
Wirkstoff 162, 163, 164, 165, 166
Würmer 169
Zelle 63, 64, 68, 69, 71, 83, 119, 166, 179
Zellkern 70
Zellmembran 69
Zellplasma 71
Zwölffingerdarm 130, 133, 134

www.ingramcontent.com/pod-product-compliance
Lightning Source LLC
Chambersburg PA
CBHW060845170526
45158CB00001B/244